U0177534

GUI ZHU
FAN HUA

桂筑
繁花

桂筑繁花

GUI ZHU
FAN HUA

GUANGXI
CHUANTONG JIANZHU
ZHUANGSHI YISHU

◎ 黄荣川 ── 著

广西传统建筑装饰艺术

广西师范大学出版社
GUANGXI NORMAL UNIVERSITY PRESS
·桂林·

二〇二〇年广西哲学社会科学规划研究课题

批准号：20FMZ031

广西民族大学二〇二〇年度青年出版基金资助项目

广西民族大学相思湖青年学者创新团队资助项目

GUI ZHU
FAN HUA

GUANGXI
CHUANTONG JIANZHU
ZHUANGSHI YISHU

如跂斯翼，

如矢斯棘，

如鸟斯革，

如翚斯飞，

君子攸跻。

——《诗经·小雅·斯干》

装饰艺术
广西传统建筑

繁花
桂筑

前言

　　我与广西传统建筑装饰的结缘，始于 2013 年的一个午后。
我的硕士研究生导师张燕根教授来电，邀请我参与《中国工艺美
术全集·广西卷·建筑装饰篇》的调研与编写工作。对于当时只
知道绘画艺术创作，从未接触过调研写作的我来说感觉自己难以
胜任，加之又是国家层面的编写工程，更是诚惶诚恐。但张教授
提到围绕这个项目我可以去广西各地的古村落调研，这倒是说到
了我的兴奋点上。我很早就开始到桂林周边的许多村落进行摄影
记录，但当时完全不知道这些照片拍来有何用，只是蜻蜓点水般
随意记录，如果有个考察研究的方向不是正好？于是就这样答应
了下来。时光流逝，项目从开始到现在一晃就过去了近十年。

　　在接下来的调研采风过程中，我逐渐培养起了对广西这片乡
土更深的热爱。许多传统古村落中的社会形态是非常鲜活的，大
多数传统建筑并不是我们想象中人去楼空的状态，而是充满了生
动、真实的生活气息。先人营建之初所设计的建筑今人仍在使用，
这给我留下了深刻的印象。在玉林高山村的思成祠堂里，过年回
乡的大学生为村民免费书写春联，中年人忙乎着准备可口的饭菜，

老人成群围坐着聊天。在血缘关系的连接下，族人开心地聚在一起。远在 500 千米外的柳州三江鼓楼里，小孩围着堂火奔跑，老人看电视或下棋。传统的建筑不仅存在于历史中，也存在于当下，它们既保持着自古以来的功能，也面临着时代的挑战。如今，广西仍有许多传统建筑装饰随着房屋的坍塌而深埋于历史尘埃中。今天的乡村，很难再见到完整的传统建筑群。大家在城市中，面对一栋栋高耸入云的冰冷的现代建筑，又开始怀恋那些雕梁画栋、飞檐翘角的老建筑。

这些年的调研工作并不轻松，掌握更多资料之后我才发现这项工作几乎无穷无尽。最大的困难是提炼广西各地传统建筑装饰的特点，只有找出每处装饰的独特性，才能总结和体现广西传统建筑装饰的丰富性和生动性。此书的编写建立在《中国工艺美术全集·广西卷》的基础上，但在撰写这本书的两年里，我又对许多去过的地方进行重访与材料收集，以期为大家呈现出更直观、真切的广西传统建筑装饰之美。

黄荣川

2022 年 9 月 10 日于南宁

桂筑繁花

广西传统建筑
装饰艺术

目录
Contents

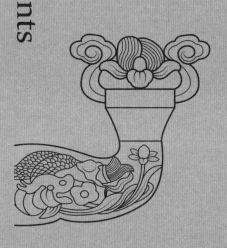

第一章

地厚载万物

——广西传统建筑装饰文化生成背景

GUANGXI
CHUANTONG JIANZHU
ZHUANGSHI YISHU

GUI ZHU
FAN HUA

第一章

地厚载万物

——广西传统建筑装饰文化生成背景

图1-1 山川交织、植被茂盛的广西大地

大地的宽厚承载着世间万物，万物又养育着在此生活的人们。在广西这片山岭连绵、江河纵横的大地上，有着右江平原、浔江平原、桂中平原、南宁盆地、玉林盆地和南流江三角洲、钦州三角洲等不同地形。北回归线在广西横穿而过，这里气候温暖，降水量丰富。温暖湿润的气候加上山川交织的地形，使广西植被茂盛，犹如一片广阔的大森林。

大地赐予了广西先民众多的资源，在这宽厚的土地之上万物生长，先民根据复杂多样的地貌进行着居所的选址与布局。他们与当地自

然环境和谐共生，并通过对自然环境的适应与改造，使居住环境更加适宜和美观，逐渐形成绚丽多彩的传统建筑形态。

建筑不仅仅是供人生活、工作乃至娱乐的"盒子"，人们还希望这个"盒子"能与众不同、造型多样。因此，建筑装饰随着建筑的出现一同被创造出来。装饰的产生与发展，既是自然生态和人文环境间互动与适应的过程，也蕴含着使用者对美好生活的期盼。

广西的传统建筑遗存较多，由于地理环境、历史进程、经济发展、思想文化的不同，广西传统建筑形成了有着形态各异、布局自由、类型丰富的特征。但无论我们身处何地、何种文化之中，都能从广西传统建筑的空间意象、视觉形式到装饰的审美倾向中感受到这里人与自然的和谐共处。在传统建筑的装饰上，先民力求就地取材、因地制宜，使之呈现出自然、质朴、灵动的面貌。这不仅体现了广西各族人民的审美情趣和时代面貌，更具有丰富的人文内涵与鲜明的地域特色，是广西传统建筑之美的重要组成部分。

图1-2　自然材料通过巧匠之手形成质朴、灵动的建筑装饰特色

一、自然环境

任何工艺装饰品的产生都不是孤立的人类行为，而是自然界这个大系统各方面条件综合作用的结果。广西传统建筑装饰产生和发展的过程，是与自然环境相适应的过程。美国地理学家埃伦·森普尔（Ellen Churchill Semple，1863—1932年）在她的《地理环境的影响》中提道："文化的形式是各领域的人们适应不同环境的行为决定的。"因此，自然环境是人类社会形成的重要组成部分，它对个体以及整个族群的体质与精神的影响都起到重要的作用，不同地域自然环境的差异导致不同民俗与习性的形成。

广西传统建筑的形式与装饰材料是人与自然环境相适应的结果，人们在努力寻求一种和自然相处的平衡与和谐，使传统建筑与装饰形成了一定的独特性与稳定性。《考工记》谓："天有时，地有气，材有美，工有巧，合此四者，然后可以为良。""天时"与"地气"便是自然对工艺制作的影响，只有人与自然沟通融合，工艺制作符合自然生态规律，才能制作出精美的装饰品。

（一）群山环绕

广西地貌常被戏称为"八山一水一分田"。其实这并不是广西所特有的，贵州、福建同样适用。但把广西地貌比喻成一口大锅确实十分形象，因为广西是四边高而中间低洼的盆地地形。这里四周被高山环绕，散布着海拔千米以上的高山。如果你坐车沿着湘桂铁路从湖南进入广西境内，不仅车速变慢，车两旁景色也随之发生变化，窗外开始出现一座座犹如竹笋般的山峰，当穿过接二连三的群山隧道离开柳州时，这些山峰又突然一下子不见了，眼前是广阔的农田，气候也随之变得潮湿闷热起来——从"锅沿"下滑到"锅底"，空气流通较慢，自然会闷热许多。

那为何说广西是被群山环绕呢？我们通过广西地图一一来看，在广西的边界地带十分有序地排列着一座座群山。由西往北依次数来，有金钟山、岑王老山、青龙山、凤凰山、九万大山和大苗山、大南山，这些山脉平均海拔1000—1500米。从北部向东北部看，有越城岭、海洋山、都庞岭、萌渚岭，这些山脉海拔升至1500—2000米，广西最高峰——猫儿山，海拔2141米，便在越城岭山脉。我们继续从东部向西南进发，还会看到大桂山、云开山、大容山、六万大山、十万大山、大青山和六韶山，这里的山势相对平缓，平均海拔1000米以下。

广西四周被群山包围，但也并非水泄不通。在桂北的山岭之间存在许多的峡谷、隘口，这些空隙成为广西与外界交流的重要通道。如越城岭与都庞岭之间的"湘桂走廊"以及都庞岭与萌渚岭之间的"潇贺古道"，对广西的文化交流、经济发展起到了重要的作用，来自中原地区的建筑装饰文化与技艺也通过这些古道进入广西。

如果只是广西边界上四周围绕的高山，其实并不足以体现广西山多的特点。神奇的自然

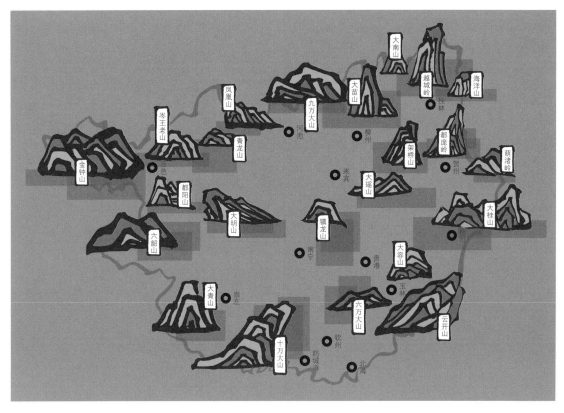

图1-3　群山环抱的广西

力量在广西施展着不同的魔力。在广西境内的左、右两边各伸出一只"手"来，它们分别是东北部的架桥岭、大瑶山，以及西北部的都阳山与大明山。两只"手"之间还捧着一颗"珠子"——镇龙山。在这些群山的环抱之下，分布着桂中盆地、右江盆地、南宁盆地、郁江平原和浔江平原。这里接近北回归线，光照充足、物产丰富，吸引大量邻省移民到此开荒耕作，搭房筑屋。

广西群山环绕、山林密布，这对人们安家落户形成了一定的阻碍。但正是对如何合理利用自然，巧妙与自然共处的探索，激发了广西劳动人民的建筑智慧。在群山之中，为适应自然环境与地形，建筑朝向由地势决定。建筑与装饰材料就地取材、因材施用，工匠依据材料的自然之性、高超的工艺技术与表现形式，挖掘材料本身所特有的属性与气质，独运匠心地将这些自然之材融入建筑空间的表现之中。运用山中之材建造的建筑就这样恰如其分地融入山水环境中，房屋群落与群山、农田共同形成一幅幅美丽的画卷。

图1-4　融入自然景色之中的龙脊村寨

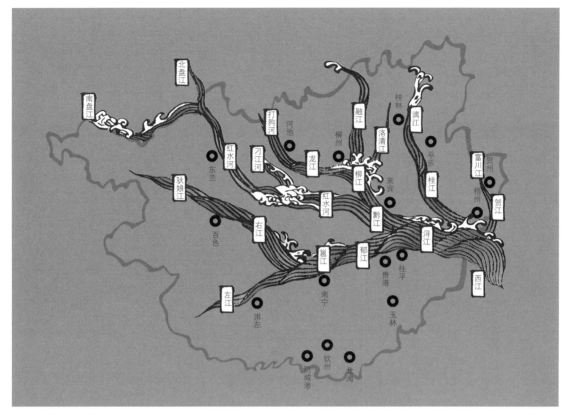

图1-5　呈叶脉状的西江水系

（二）水道纵横

　　如果说"山环"是广西地理环境的一大特征，那么穿梭其间的河流则是另一大特征。西江水域流经广西约80%的土地，其各支流呈叶脉状遍布广西全境。西江上源南盘江出云南省曲靖市马雄山，在黔桂边境南盘江与北盘江汇合后称红水河。红水河向东南奔流到象州县石龙附近与北来的柳江汇合后称为黔江。黔江到桂平市与南来的郁江汇合，称之为浔江。浔江到梧州后遇到桂江与贺江，三江一同汇入广东省，统称西江。

　　古代，陆路交通十分不便，幸好广西河流密布，并且相互贯通，人们在河流两岸建房居住，并通过水系进行交流。这些水道的联系，不仅促进了民族之间的融合，同时在建筑装饰上，让我们看到了地区间不同文化的相互渗透和影响，形成围绕水系而产生的传统建筑装饰文化的融合。

1.漓江

漓江，被誉为"地球上最美风景"。这里奇山秀水，自古就是广西的一张重要名片。其实这段发源于桂林兴安，到平乐为止的漓江，只是西江众多支流中非常短的一段，漓江流经平乐之后便更名为"桂江"。

漓江的影响力之大，除了自然形成的秀美风光，还与2000多年前一个人的决定有关。秦朝，为了解决秦军的粮食运输问题，秦始皇下令在兴安县开凿一条人工运河——灵渠，自此沟通了长江与珠江两大水系，船载

图1-6　被誉为"地球上最美风景"的漓江风光

的货物不需卸货中转便可直接由湘江进入漓江。这条贯
通的水路，不仅连接中原与岭南，也成为当时中国与东
南亚各国之间最便捷的水陆通道。随着水运交通的快速
发展，中原文化与南洋文化在这片地区生根发芽，并融
合共生。桂林恭城现虽为瑶族自治县，但数百年来，少
数民族文化与汉文化在这里交融。如今，我们在这里不
仅能看到具有瑶族特征的建筑装饰，还能看到湘赣系、
广府系的汉文化建筑装饰。

图1-7 曾经让柳宗元触景生情的柳江，如今两岸已是繁华的建筑

2.柳江

"岭树重遮千里目，江流曲似九回肠。"当被贬至柳州当刺史的柳宗元登上城墙，远眺蜿蜒的柳江，面对江面升腾起的雾气时，朦胧之中他似乎看到了自己的家乡与远方的朋友，一阵阵思乡之愁涌上心头。

水连接着人与人的思恋，也连接河流所经之处的经济与文化。发源于贵州省独山县的柳江，是黔桂两地重要的水上交通要道。柳江流域气候温和，植被丰富，为木构建筑的建造提供了大量的自然材料。柳江所流经的贵州榕江、从江及广西的三江，均为侗族聚居区域，在融水的苗族聚居区，独具特色的干栏式木构建筑在这些地方默默地进行着交流融合，建筑装饰风格也通过柳江的串联互相影响。

图1-8　广西三江侗族自治县弄团村下河屯干栏式木构建筑

3.左右江

发源于越南与我国广西交界枯隆山的左江，是跨越中越两国的黄金水道，也是郁江的最大支流。有了左江，自然对应着一条"右江"。右江发源于云南文山州广南县龙山，流经百色田阳、田东、平果等地，在南宁一个叫宋村的地方与左江相遇，两条江汇合后更名为"邕江""郁江"。奔流不歇的河水一直向东，在桂平与黔江汇合后经梧州流入广东。

人们常将两条江统称"左右江"，左右江流域为壮族最集中的区域。2016年7月15日，在土耳其伊斯坦布尔举办的第40届联合国科教文组织世界遗产委员会会议上，位于左江沿岸的花山岩画成为我国第49处世界遗产。花山岩画绘制年代可追溯到战国至东汉时期，距今已有2000多年历史，岩画描绘着壮族先民——骆越人生动而丰富的生活场景，从中我们了解到生活在左江流域壮族先民的社会生活状态。

桂江、柳江、西江、左右江以及红水河五条支系呈树状最终在梧州碰面并携手一同进入广东，这些河流促进了沿江大城市的形成与周边经济文化的发展，如桂江与桂林、柳江与柳州、西江与梧州。因水路交通的便利而带动了经济与文化交流，沿岸城市发展，各沿江流域聚居区的传统建筑装饰呈现出一种华美繁复的特点。而红水河虽为西江主要干流，但水流湍急，不便航运，流经区域发展相对其他四条支流显得十分缓慢，许多建筑更多仅为满足居住使用而造，极少进行装饰处理。

图1-9　位于左江沿岸的花山岩画描绘着骆越先民生动而丰富的生活场景

4.北部湾

北部湾是中国广西、广东、海南三省（区）与越南一同形成的海湾，在广西有着1595千米的大陆海岸线。秦汉时期，广西沿海居民已开始借助海洋进行贸易，北海市合浦县成为"海上丝绸之路"的起点。唐宋元时期，"海上丝绸之路"的交流更加密切与繁荣，来自中原的商人通过湘江到灵渠，顺着桂江，经南流江到达合浦出海直至东南亚各国。清光绪年间，随着国门的打开，北海成为中国最早的对外通商口岸之一。来自欧洲、东南亚的文化通过海洋进入广西，并带来了西洋和南洋文化的建筑形式与装饰表现技艺。行走在北海珠海路的骑楼街头，抬头仰望两侧的骑楼，还能看到墙面、山花、门窗等装饰中的异国风情。

图1-10　北海骑楼随处可见的欧洲风格装饰，见证着曾经繁荣的海上贸易

二、历史渊源

梁思成先生说过："历史上每一个民族的文化都产生了它自己的建筑，随着这文化而兴盛衰亡。"广西，六七十万年前已有了人类生活，两千多年前的百越族中的西瓯与骆越部落也在此生息繁衍，历史的脚步在广西传统建筑中留下了深刻的印记，这些印记除了在传统建筑的构造中得以保留，还凝结在建筑的大量装饰之中。

（一）广西汉族历史渊源

原始时期的广西，人少而猛兽多，广西原始人为了远离兽类的攻击及潮湿难耐的地表，开始爬上高大的树木构木为巢。《魏书·僚传》中曾记载："依树积木，以居其上。"在树上搭建简易的木巢，既可以避免潮湿的瘴气，还可以防止毒虫猛兽的袭击。之后，经过历史不断演变，建造工艺随之提升，逐渐形成现在具有广西民族特色的干栏式建筑。

公元前221年，秦王嬴政统一了六国，但仍感到周边存在种种的威胁。"卧榻之侧，岂容他人鼾睡。"北方已有匈奴虎视眈眈，南方拥有天险优势的南越族正逐渐成长，秦始皇每天都在害怕南越族会成为另一支"匈奴"。公元前219年，秦始皇下令派屠睢率领五十多万大军分五路南下攻打闽浙与岭南地区。装备精良、富有战斗力的秦军势如破竹，出兵当年便攻下了闽浙一带。但对现广西的进攻并不顺利，不仅遭到了当地原住居民的顽强抵抗，还面对着当地的崇山峻岭以及四处弥漫的瘴气的困扰，这使一直生活在北方的秦军寸步难行。

为了解决军队的快速调度与后勤保障的问题，秦军开始选择比爬山越岭更便捷的水路。将领史禄和他的匠师们想出了一个影响历史2000年之久的奇妙构思：在今广西桂林兴安北部，一段湘江、漓江相距较近的位置开山凿石，凿出一条人工运河，并修建拦水坝，以分出湘江部分水量注入漓江。这条人工运河将来自兴安县东面的白石河（湘江源头，由南向北流）和兴安县西面的大溶江（漓江源头，由北向南流）相连。自此，一条连系珠江和长江的运河顺利贯通，今称"灵渠"。公元前214年，灵渠顺利凿成通航，使贯通岭南水陆交通的"任督二脉"被打通。同年，秦军在任嚣和赵佗的率领下再次进攻岭南，秦军船只这次顺流南下，直捣岭南。战事的胜利使百越之地成功纳入秦的版图之中，从此开始了两千多年来岭南人民与岭北人民的文化交流，来自中原的建筑装饰文化也随着人们的迁移一同进入广西。

图1-11　清澈的灵渠水很难让人联想到2000多年前那场重要的战争

图1-12　从合浦汉墓出土的陶屋中可见直棂窗、菱格窗、人物图案等装饰式样

公元前111年，汉武帝在岭南设立南海、苍梧、郁林、合浦、交趾、九真、日南、珠崖、儋耳9个郡。而今，我们在合浦出土的明器中，可以看到大量干栏式建筑形态的陶器与青铜器，在这些器物上面带装饰性的直棂窗、菱格窗清晰可见，正脊两端开始处理成翘角造型的简单装饰。

广西传统建筑与装饰材料广泛使用本地的木料，但因其易腐蚀、不耐高温的特性，时间一长极易损毁，所以，我们几乎已无法再觅唐宋元时期的建筑装饰实物真容。

明朝建立之初，朱元璋为了巩固明朝的江山，采取了"众建宗亲，以藩王室"的政策，希望能依靠分封子侄来构筑藩屏。于是他任命侄孙朱守谦为靖江王，就藩桂林，并在桂林独秀峰下修建靖江王府与王城。与此同时，广西成为全国13个布政司之一。随着广西逐渐被朝廷关注，肥沃的土地吸引了大量移民的到来。就这样，许多适合开垦的土地被开发出来，耕作技术也随之提高，由粗放型向精致化转移。这样的农作方式，也反映在建筑营造技艺的表现上。在当时的建筑装饰中，使用者开始追求精致化的处理。

广西现存的传统建筑装饰少数为明代，其他时期以清代保存较多，也相对完整。清代，经过不断调整，广西省设置了桂林府、平乐府、柳州府、浔州府、梧州府、庆远府、思恩府、南宁府、泗城府、镇安府、太平府，以及郁林直隶州、上思直隶厅、百色直隶厅、龙胜厅等，分别统辖47个县、27个土州、4个土县、10个土司、3个长官司。[1]

图1-13 始建于1372年，采用巨型方整料石砌成的靖江王城

....

1 谢小英主编.广西古建筑（上册）［M］.北京：中国建筑工业出版社.2015：8.

随着经济活动的逐渐繁盛，越来越多的汉人进入广西。从清初到嘉庆、道光的这190年间，来自湖南、福建、广东等省的移民不断涌进广西，移民人口总量已是明朝广西人口的6倍。移民大多定居于广西的东部地区，那里土地平坦，盆地、平原较多，水土丰沃，适合耕作，加上水运、陆路交通发达，汉族及汉文化逐渐成为主流。移民不仅带来了先进的耕作技术，也将优秀的汉文化以及建筑装饰工艺一同带入广西。

图1-14　中原建筑装饰文化随着移民
　　　　一同来到广西

随着对外贸易和工业经济的发展，从清末民初起，广西开始了迈向城市近代化的步伐，梧州、南宁、柳州、桂林及北海等一些地理条件优越、工商贸易兴盛及交通运输发达的沿江城市率先进入近代化转型的阶段。特别是作为广西面向广东的商贸与交通门户的梧州，利用其发达的轮船航运业和内河港口的便利条件，一跃成为近代广西最大的对外贸易口岸城市及近代广西区域经济中心城市。由于受西方建筑文化影响，梧州传统民居建筑风格发生了变化，出现了中西结合的新式建筑。拱券柱廊式的阳台，半圆拱券的窗楣，花草吉祥纹饰的墙饰……西方建筑装饰之花在这里绽放。

（二）广西少数民族族群的历史渊源

广西的原住居民与生活在中国东南及南部地区的古民族被统称为"越"。在广西境内活动的主要是"百越"诸族中的西瓯与骆越，"他们的分布大体上都以郁江、右江为界。郁江以北、右江以东为西瓯，郁江以南、右江以西地区为骆越，其中郁江两岸和今贵港市、玉林市一带则是西瓯、骆越交错杂居的地区"[1]。随着时代的变迁，西瓯与骆越慢慢演变为现在的壮、侗、水、仫佬、毛南等少数民族。

秦代之后，大量汉人涌入广西，对广西原住居民的生活造成了巨大的冲击。对原住居民来说，面对汹涌的外来文化冲击，是分还是合，这是个艰难的抉择。一部分原住居民选择与汉文化交流融合，建筑与装饰在原有传统的基础上融入了大量汉文化。而另一部分选择退居至交通相对闭塞的山区，如原来壮族、侗族等原住民族由于与外来文化冲突日渐加剧，加之居住地自然条件无法持续供给，促使他们选择了迁徙的道路。

在至今仍流传的侗族《祖公之歌》中，侗族人这样唱道：

从前祖先，
住的地方，
离水很近，
遇到洪荒，
连片受苦，
水进田塘，
象架盖瓜，
白沙盖寨。
因为这样，
无法做工。
公公叫饥，
娃娃叫饿。
白天没饭吃，
夜晚无处睡。
因为这样，
姓石姓杨，
才是——
商量造船，
沿河而上。[2]

1 覃乃昌.广西世居民族［M］.南宁：广西民族出版社，
2004.

2 《侗族文学史》编写组.《侗族文学史》［M］.贵阳：
贵州民族出版社，1988：79—80.

侗族的这首《祖公之歌》记录下侗族先民在自然灾害到来时，为了族群的繁衍生息，不得不选择沿西江逆流而上的漫漫迁徙之路。

"少数民族中的壮族、侗族、仫佬族等由于是原住民族，退而求其次，大多占据水土较丰美的山间谷地平原，从事水稻种植；而外来的瑶族、苗族等则通常退居贫瘠的高山地带，从事水稻杂粮农作。这种分布态势进一步加大了各民族间的经济差距，形成优者更优、弱者更弱的马太效应，反过来再一次强化这样的分布格局，最终形成'汉居地头，壮居水头，苗占山腰，瑶占山头'的分布形式。"[1]这些退居山林的少数民族建筑营建因受汉文化影响较小，至今仍保留传统少数民族建筑装饰自然朴实的特点。

....

1　谢小英主编.广西古建筑（上册）［M］.北京：中国建筑工业出版社，2015.

三、经济发展

建筑以物质为载体，经济的发展对建筑装饰风格的形成与演变具有重要的作用，经济水平的高低决定了传统建筑的使用材料、建筑规模、装饰工艺等。因此，广西传统建筑装饰的形成与经济发展状况相适应。

（一）经济对装饰发展的驱动

南宋时期，中国经济向南方偏移，大量移民进入广西，广西平原地区人口逐渐稠密，耕地不足，"工商亦为本业"的思想开始出现，人们不得不考虑采取多种经营方式谋求生存的机会。在一定程度上，广西与域外的经济交流这时才真正开始，民间开始出现弃农从商、官商融合的景象，商业得以繁荣，经济得以发展。居民的生活方式、观念意识也随之发生了改变，经济活动影响区域的发展，对居民产生潜移默化的影响，进而影响建筑的设计。例如西江水系与湘桂商道等交通发达的地区经济交流日趋密切，来自广东的汉族商人沿江而上，来到桂林、南宁、玉林、百色等地经商，富裕起来的商人数量较多、经济实力强，他们开始修建自己的宗祠和府邸，将建房作为人生的一件大事，倾其财力打造精美的宅院，通过建筑材料、工艺体现房屋主人的地位、身份、审美与精神追求。

图1-15　桂林灵川江头村中宪大夫宅门的精美装饰

建筑的空间布局与功能结构，是为了适应人们的物质生活要求，而建筑装饰是人类社会生产力发展到一定阶段的产物，对建筑结构进行装饰雕刻与绘制是人们在满足物质生活基础上的精神追求。建筑装饰不仅是建筑的附属装饰品，它首要满足的是建筑的功能性，其次才是呈现建筑的美感。通过建筑功能结构上装饰的题材与繁简，大致能看出房屋主人的经济实力。就算是在同一地区，由于不同家庭的生产力和经济条件不同，建筑装饰运用的范围以及雕刻内容、形式也有很大的区别。在经济发达的区域，因受外来文化影响，在建筑装饰的表现上有着明确的意识形态、宗法伦理秩序与封建礼法特征。无论是广府系建筑的桂南，还是湘赣系建筑的桂北，这里经济实力强、家境殷实的大户人家，不约而同地会在建筑的大门、檐板、屋脊、梁柱等重要结构处运用名贵材料进行装饰。工匠们也会竭尽所能通过细腻的工艺、繁复的纹饰，营造出千姿百态、雕梁画栋的视觉效果。而在经济欠发达的普通民居中，首要考虑的是居住功能，能够满足家里人的日常饮食起居即可。因此，受经济因素影响，此类建筑规模较小，以功能为主，空间紧凑、造型简洁、装饰适度，各界面多为本体结构，建筑装饰仅在垂柱、屋脊、门窗等处进行简单的造型处理，朴实而简练，色调更接近自然。

任何地方的建筑装饰形成与变化，都不可避免地受到经济的影响。19世纪末期至20世纪初期，中国的大门被打开，广西沿海城市开通对外商业贸易，并受到欧洲及东南亚建筑装饰的影响。一种融合了西方"巴洛克""洛可可"建筑风格与"南洋风格"的骑楼文化开始传入广西的北海、钦州、防城港等城市。位于两广交界，浔、桂、西三江交汇处的梧州，因其独特的地理区位优势，曾是岭南政治、经济、文化的中心，有着"百年商埠"的称号。1897年成为通商口岸之后，这里的对外贸易和商业得到长足发展，梧州商人的价值观念与居住理念逐渐发生改变，为这里大规模地进行

建筑建造与装饰奠定了物质基础。一些海外归来的商人华侨从国外带回装饰图纸和技术，在屋顶、檐口、门窗、柱础等处进行装饰营造。但单纯的海外装饰主题无法取代中国人对传统吉祥物品的喜爱，因此，在许多建筑的墙面或山花等重要装饰的位置，仍采用极具中国特色的吉祥植物纹样浮雕进行装饰。

图1-16　中西结合的新式建筑与装饰——梧州新西大酒店

四、思想文化

（二）工匠对经济发展的助推

工匠，不仅是建筑的设计与建筑者，也是经济发展的推动者、建筑营建的创作主体。他们在传承前人建造技艺的同时，不断优化改进工艺，成为创新者与传播者，在广西传统建筑的发展过程中起到重要的作用。

在广西传统建筑装饰营建体系的形成过程中，拥有一技之长的能工巧匠逐渐在社会上受到尊重。根据宋人李诫编修的《营造法式》分类可知，房屋建造已详细分为石作、木作、雕作、旋作、瓦作、泥作、彩画作等几大类，由此推断宋代已形成对应的专业工匠职业。身份的认同，让工匠的创作激情显著提升，他们将才能淋漓尽致地表现在建筑装饰上。作品不仅显示出工匠高超的技艺，也充满着自由的灵性。

工匠从事自己擅长的装饰技艺生产，促进了手工业商品的经济发展，为建筑及其装饰的兴盛提供了强大的技术支持，激发了人们对居住空间美化的追求。他们在从事手工业生产的同时进行自由经营，极大促进了手工技艺的商业化，助推了社会经济的发展。

思想是一种重要的精神力量，具有强大的社会功能。广西传统建筑装饰的基本样式、艺术风格与该地区特定的思想文化有关。它们不仅具有关联性，还具有其独特的魅力。传统建筑装饰的一切表象性视觉特征，包括材料、形态、色彩都发自人的内在自觉，遵循着人们的文化心理，蕴含着与自然、生命相融通的思想表达，传递着个性化与多样化的文化生活方式。

广西是多民族聚居地区，这里的先民及其后裔世代繁衍生息于此，与这一方水土形成了根深蒂固的纽带关系。多元的自然生态环境与多民族社会生态结构，促使广西在漫长的历史发展进程中，形成了"多元一体"的多民族社会思想文化特征。

（一）儒家"仁义礼智"思想

广西虽然地处中国南部边疆，但在不同时期中，都受到来自中原地区的传统文化核心——儒家思想的影响。儒家思想，作为中国封建社会的主流文化，是中国传统文化的灵魂，在中国数千年的演变和发展中未中断过。它所提倡的德政、礼治和人治，其核心价值就是孔子所提出的"仁义礼智"的思想。它通过规范大家的行为，协调社会秩序，为社会各阶层建立起相应的制度性体系，形成中国人以伦理情感为基础的文化心理结构。建立南越国的秦国将领赵佗，为巩固其统治，有计划地传播中原文化，"稍以诗礼化其民"，他希望能通过儒家思想中的仁礼来教化广西原住居民，并推动移居广西的汉族与少数民族进行文化融合。之后，在漫长的封建统治时期，随着各个朝代的更迭，中央政府在设官建制的同时，儒家思想也逐渐深入广西各地。

图1-17　孔子"自强不息，厚德载物"的教育思想至今仍影响着广西的青年学子

历史上，在广西任职的各级文化官员或被命运卷入低谷而贬谪至此，或被独特风景吸引慕名前来。如"唐宋八大家"之一的柳宗元，北宋著名诗人黄庭坚、苏轼，"南宋四大家"之一的范成大，明代思想家王阳明等。他们相继来到广西，通过自己的学识，将儒家思想输入进来，在与广西本土文化的碰撞中逐渐调和。同时，中央政府积极在广西各地兴建书院、讲堂，并在书院的建筑构件中充分进行装饰，通过纹饰的雕刻内容，不仅体现书院的尊贵地位，同时向本地人民传递博学笃行的儒家思想。位于桂林恭城西山南麓的恭城文庙，便是为祭祀古代著名思想家和教育家孔子而建，该庙始建于明代成化十三年（1477年）。但随着儒家文化在此逐年发展盛行，到了清代道光二十二年（1842年），大家认为原来的庙规模太小了，已经无法满足人们的需要。于是，当地官府派遣王雁洲、莫励堂二人到孔子的故乡——山东曲阜参观孔庙的建造工艺。他俩回来后便以曲阜孔庙为原型，设计了恭城文庙的扩建设计方案，并从广东、湖南等地请来工匠协助重建。为了体现文庙的崇高，文庙的主体建筑大成殿建成面阔五间、进深三间的规模。在大殿的门窗、檐口处，工匠运用精美木雕进行装饰，在屋面的飞檐、屋脊及山尖等处更是竭尽所能，采用灰塑、木雕、彩画、陶塑等多种技艺为建筑营造出美轮美奂的效果。

建筑装饰是表达思想情感的重要载体，它
通过一系列图案和空间秩序的构造体现着儒家
思想所提出的宗法伦理意识。朱熹在《家礼》
中描述了一个理想的家族社会，这个社会等级
分明，礼数周全，长幼有序。广西传统建筑装
饰不自觉地成为古代社会宣传人伦法理、道德
教育的载体。人们在使用建筑的过程中，不仅
能在建筑的构件中观赏到精美的装饰图案，在
潜移默化中也接受着儒家传统伦理思想的教
化。在以使用功能为建造主旨的广西传统建筑
中，不同功能的空间分布、构件形制以及装饰
图案、大小，均需遵循儒家礼制的要求。传统
的等级观念与伦理秩序，在装饰的布局中有序
地铺展开来，既完成了建筑的使用与保护的基
本属性，又使居住者在使用过程中悄无声息地
接受尊卑有序、内外有别的礼制文化讯息。无
论建筑形式还是装饰的题材、材质、尺寸、繁
简、色彩，都依据位置、品级来体现主次与秩
序，做到主与仆、长与幼、男与女、尊与卑的
区别，体现出礼制道德与伦理精神。在此，广
西传统建筑的装饰已不仅是居住者对生活理想
的艺术表达，还是儒家思想"中正无邪，礼之
质"在建筑中的体现。

图1-18　灵山大芦村的建筑装饰布局处处体现着等级观念与伦理秩序

（二）佛教"众生平等"思想

重视人类心灵与觉悟的佛教对中国文化产生了很大影响，其"众生平等"的思想文化也影响着广西的建筑文化与装饰风格。佛教思想里人与人之间不存在高低贵贱，即使身份卑微、一贫如洗，未来仍是光明的。

佛教在广西的兴起与古老的"海上丝绸之路"密不可分。这条海上贸易路线从合浦出发，可以到达南洋诸国，再经过马六甲海峡进入印度洋，到达南亚、西亚。"汉末到南朝是初传期，佛教及造像由海上经扶南（今柬埔寨）达交趾、合浦港—南流江—北流江—沧江—桂江（桂江的上游称为漓江）—湘江—长江。这个通道至今还留下不少佛教初传的印迹。唐至宋是鼎盛期，随着隋唐的统一，汉化的大乘佛教由北往南传回广西，并以桂林为中心地，建佛寺、造石窟，至宋达到鼎盛。明清、民国时期是衰败期。"[1]随着佛教在广西的传播，各地相继建立佛寺、佛塔，并通过建筑的装饰雕刻向人们传播佛教思想，佛教图案里的"卍"、金鱼、宝瓶、莲花等符号常见于广西传统建筑装饰纹样中。

佛教的南来之风，从广西各地的佛塔及塔身装饰中可窥见一二。立于桂林漓江江畔的木龙石佛塔，有史学家据北宋题刻认为建于唐代，但近期有专家考证或为明代建筑。观察这座高4.34米的佛塔，从塔顶的葫芦形宝顶、伞盖，塔身南北龛内的菩萨造像，以及塔座的三层浅浮雕仰覆形莲瓣纹须弥座，均能感受到佛教对广西传统建筑装饰内容的影响。

1　广西壮族自治区地方志编纂委员会编.广西通志·宗教志［M］.南宁：广西人民出版社，1995:187.

图1-19　矗立于漓江江畔的木龙石佛塔

（三）道教"天人合一"思想

　　中国土生土长的道教，对广西传统建筑装饰内容的影响最为多面。道教将我国古代的原始崇拜与黄老之道、神仙方术进行整合后生根发芽，在成长过程中不断吸收众多民间传说、佛教中的菩萨天尊以及儒家先王圣人等文化养分。正因为这种思想文化的丰富性，在广西传统建筑装饰中所见的图案，似乎与道教有着千丝万缕的联系。

　　以阴阳分天下、八卦生万物为世界观与宇宙观的道教，始终将"天人合一"的观念作为人存在世上最完美的状态。这里的"天人合一"，不仅包括我们之前所说的人与天地交融

相和，也包括自然之中人与物、物与物之间巧妙的结合。为此，我们常会在广西传统建筑装饰的图案中看到相互转换、相互借用、相互叠加的方式，以达到你中有我、我中有你的物我两融艺术之境。

　　20世纪80年代出生的孩子，也许会记得一部二维动画片《变形金刚》。在这部动画片里，想要获取最大的力量与战斗力，需要将多种变形机器合体在一起成为大力神金刚。在中国，数千年前也出现了一种臆想中具有大力神般力量的动物——龙，这种可呼风唤雨、法力无边的神兽聚合了九种猛兽的精华，其形象正

图1-20　具有大力神般力量的动物——龙，与三江侗族建筑屋顶巧妙地融合在一起

是结合式图案最完美的搭配，也最能体现物物合体的图案特征。

这种"天人合一"的观念正是道教文化所推崇的完美状态，道教中的神灵形象常采用这种"结合"的方式，以达到"物我两渗""以类相感"的神仙景观。因此我们在广西众多的传统建筑装饰所见到的这类"合体图案"并非人们的凭空之想，而是受早期道教影响下的完美感受。

（四）本土"万物有灵"思想

虽然儒释道的思想在广西影响深远，但其影响的范围主要集中在广西交通相对便捷的桂东北、东南以及中部地区，而在交通不便、信息不畅的桂北、桂西山区，更多地保留着世代相传的少数民族文化。

广西多山区，交通闭塞，统治阶级为方便边疆的多民族管理，自元代开始实行"以夷制夷"的土司制度。因此，汉文化思想未能对其造成绝对的影响，广西各民族在精神层面也并未形成一个统一的思想与信仰文化。在对始祖神灵的膜拜中，他们相信自己与祖先有着血脉相连的关系，祖先会时刻护佑着自己的后代。因此他们敬拜祖先，如壮族创世神布洛陀、米洛甲，瑶族祖先盘瓠等。

在对始祖神灵的崇拜中，广西原住居民寄寓了对自然的敬畏。广西特有的生态自然环境，加上常年的稻田耕作的生活，使这里的居民信奉的对象多与本地生活生产方式有着密切的关系。围绕着稻作农耕，他们信奉"万物有灵"的思想，孕育了膜拜自然图腾、与自然血脉相连的原始生态文化。他们相信自然有着无穷的力量，因此，他们崇拜雷王、风伯、雨师、山神、河神、树神、兽神和牛王等自然之神。虽广西少数民族众多，但相似的生态环境使不同民族有着共同的信仰崇拜，如稻作农业的生态环境使得壮族以外的其他少数民族也普遍敬仰蛙图腾，居住山地环境的瑶族、苗族等民族共同崇拜盘瓠为自然生态根源。他们所崇拜的神来自自然，来自大地，来自河流，来自

动植物。这些创世神是自然的子民，是天地混沌朦胧所生的神。正如《密洛陀》中所载：

很久很久以前，

什么造成了密洛陀？

大风吹来了，造成密洛陀。

很久很久以前，

什么造成大风？

大龙吹着气，造成了大风。

很久很久以前，

什么造成了大龙？

聪明的师傅，

造成了大龙。[1]

虽说外来的思想对广西本土文化造成了巨大的冲击，但任何一种文化都不是固守不变的，随着时间的推移会注入新的活力，形成文化的多样性。正因为这种多样性，造就了广西传统建筑装饰的多元化。无论来自中原的儒释道思想，抑或本土的"万物有灵"思想，都是中国传统文化精神的一部分。追求与自然的和谐统一，在建筑建造与装饰营造中，不向自然贪婪索取，把回归自然作为最高的人生理想及生命本真的状态。

....

1　广西民间文学研究会收集，莎红整理.密洛陀[M].南宁：广西人民出版社，1981：1.

匠心出高华

——广西传统建筑装饰文化内涵

GUANGXI
CHUANTONG JIANZHU
ZHUANGSHI YISHU

GUI ZHU
FAN HUA

匠心出高华

—— 广西传统建筑装饰文化内涵

欧文·琼斯在《装饰的法则》一书中写道："真正的美来自于视觉、智力与情感都获得满足而无他求时的恬静感。"爱美是人类的本性，也是人类永恒的追求。

不同地区、不同时代、不同民族的人们通过建筑上的装饰来创造美与展示美。千百年来，广西各民族历代建筑工匠辛勤劳动，结合广西各族人民的生活特点，在保证建筑实用功能的前提下，竭尽所能使用各种材质和艺术手法，在建筑体重要或醒目部位进行画龙点睛式的装饰美化，形成丰富多样的建筑装饰面貌。通过广西工匠精湛的技艺，让原本平实的材料成为精美的装饰作品，既增强了建筑的美感，又提升了建筑的文化品位。

丰富多彩的建筑装饰符号，给原本冰冷呆板的建筑增添了灵性。无论图案简约或是繁杂，无论色彩浓郁或是淡雅，都是广西古代工匠技艺与智慧在传统建筑装饰中的直观反映，具有丰富的文化价值。人们可以通过建筑上装饰的符号或花纹图案，了解该建筑的性质、用途和功能，以及房屋主人的身份和社会地位，甚至可以推断出此人文化修养、审美情趣的高低。

一、建筑装饰的工艺类型

装饰技艺是建筑营建技术的重要组成部分，它充分表现出工匠的巧思妙想与传统建筑的形式美感。广西建筑装饰技艺的产生和发展是在特定历史时期政治、经济、文化、技术等多方面条件背景下的综合产物，富有浓郁的文化性和地域性。之所以能形成其独特、丰富的艺术样式，与这里特定的人群意识、一定的社会生产方式以及特殊的生活环境息息相关。早期的建筑装饰，很少有纯粹为了装饰而独立存在的构建。渐渐地，随着广西各民族建筑营造技术的提高、审美意识的增强以及中原汉族文化的影响，广西地区经济日益繁荣，手工业开始兴盛起来，为当地建筑装饰的丰富性提供了必要的物质与技术的支持。这时，体现房屋主人社会地位以及经济实力，反映其价值追求和审美趋向，富有装饰意味的建筑构件艺术处理便丰富起来。

古人很早便在造物过程中领悟到，要制作精美的工艺品，必须要顺应天时，适应地气，材料上佳，工艺精巧。广西传统建筑装饰的制作同样讲求与自然的沟通融合，依照建筑所需选择合适的材料，并通过能工巧匠的高超技艺将材料之美充分展现出来。广西传统建筑以砖木结构为主，这里丰富的森林资源、水利资源与矿产资源成为传统建筑的物质材料来源。工匠对材料的选取以居住地就近取材、量才为用为原则，依据材料的自然本性进行恰当工艺表现，以挖掘材料本身的特性与气质。如石雕、木雕、灰塑、壁画工艺，以及部分地区建筑装饰可见的砖雕、陶塑工艺。这些装饰工艺表现常出现于屋顶、屋脊、山墙、檐下、门扇、梁架、柱础等处，形式多为浮雕、圆雕、透雕、线雕、泥塑、叠砌、绘画等，通过工匠的精湛工艺创造出多姿多彩的建筑装饰形象。

天有时，

地有气，

材有美，

工有巧。

合此四者，然后为良。

——《考工记》

（一）石雕工艺

石材有着坚固耐用、防潮防晒、便于雕作加工的特点。广西石材丰富，加之潮湿多雨的亚热带气候，使得广西在传统建筑建造中广泛使用石材作为建筑构件。自明清开始，无论豪门贵族、达官贵人，还是普通商贾、一般民众，出于功能与装饰的双重考虑，都会选择坚固耐久的石材作为建筑营建的重要材料。

广西的建筑石雕艺术除了大量体现在居住建筑上，还集中体现在石塔、石牌坊和石拱桥等处。现存的元代石塔主要有贺州市六合舍利塔、桂林市全州县盘石脚石塔；明代石塔有崇左市板麦石塔、桂林市甲山筌塘河伯石塔、桂林市轿子岩石塔、贺州市南和石塔等；清代石塔有桂林市兴安县三元塔、桂林市狮子河伯石塔、平果市东壁塔等。石牌坊有桂林市灌阳县月岭村牌坊、桂林市临桂区石氏节孝坊、桂林市全州县白茆坞牌坊、贺州市钟山县玉坡村"恩荣"石牌坊、河池市环江毛南族自治县北宋村的北宋牌坊等；石拱桥有桂林市恭城县六岭石拱桥、桂林市平乐县沙子石拱桥、南宁市宾阳县南桥、贺州市钟山县石桥、来宾市忻城县石板桥等。这些石雕工艺悠久，具有强烈的广西地域特色。

图2-1　贺州市钟山县回龙镇石桥，左右栏板装饰还有数十幅浮雕图案

　　广西传统建筑装饰所用石材大多为青石、油麻石、河卵石等，广府文化区可见少量红砂石。这些石材多采自居住地附近石山，使用到石柱础、门枕、栏杆、基座、石柱、石狮子、石牌坊等处。质地坚硬、纹质细腻的石料利于浮雕、圆雕、透雕、镂雕、线刻等技艺的呈现。石雕装饰有的朴素雅致，有的精细高贵。这些建筑石雕构件的纹饰被赋予某种含义，体现了人在精神上的某种追求。同时，石雕所营造的艺术情调与房屋主人的追求相一致，是石雕匠人技艺与房屋主人精神思想结合的共同产物。

圆雕

透雕

浮雕

透雕

圆雕

浮雕

阳刻

圆雕

圆雕

线雕

阳刻

透雕

浮雕

图2-2　贵州市钟山县燕塘镇恩荣石牌坊上的石雕充分展示了各种石雕技艺

宋代《营造法式》卷三"石作制度"之"造作次序"中有所记录:"造石作次序之制有六:一曰打剥;二曰粗搏;三曰细漉;四曰褊棱;五曰斫砟;六曰磨礲。"打剥是"用錾揭剥高处";粗搏是"稀布錾凿,令深浅齐匀";细漉是"密布錾凿,渐令就平";褊棱是"用褊錾镌棱角,令四边周正";斫砟是"用斧刃斫砟,令面平整";磨礲是"用沙石水磨去其斫文"。此古法沿用至今,制作过程现大致分为四部分:

图2-3 出坯子

1.出坯子

根据需要选择合适石料。选择石料是雕刻成功与否的关键,选择的石料要结实,质地要纯。根据在建筑中的结构及位置,选择合适的质地、大小的石料,如石料体量与要求相差较大,则需按照图形运用钎子、铁楔、挖勺、铁锤等工具初步凿去多余部分。

2.画稿

用毛笔将事先设计好的图案画至石上。如果图案表面高低起伏较大,低处与细部图案需在雕琢期间不断重复描画与深入。

图2-4 画稿

3.打糙

打糙，也称"打荒"。根据画出的图案
先将选好的石料粗坯凿去多余部分，一直到
初具大体轮廓。在这一工序中所使用的工具
为铁锤和不同型号的尖钎。将尖钎呈斜角对
准石块边缘处，用铁锤击打敲掉多余的石
料。这一过程要注意照顾到前后、左右、上
下关系，不要停留在一个面上，而且要不时
地对照样稿，边画边打，循序渐进，逐渐凿
出大体造型。

图2-5　打糙

4.打细

打细是整个石雕工序中最复杂和最能展
现手工艺技巧的部分。此步骤是将多余部分
不断凿掉，逐渐显现雕刻形象。其中的重点
是找准形象的轮廓和形体的过渡与转承关
系。对石雕的细微之处进行着重刻画，表达
丰富的层次关系。这一工序中使用到的工具
为凿子、锉刀。

图2-6　打细

（二）木雕工艺

　　木材，因其质地轻、强度高、韧性强、易于加工的特点，很早便应用到建筑建构之中。广西山多林茂，这一特点渗透于广西传统建筑木雕装饰文化之中。建筑装饰中的用材很多就取自附近的树林，造型也由木质特性而设计。广西传统建筑木料主要用本地常见的杉木、松木、楠木、樟木等。广西还盛产一种木料，叫"铁力木"，又称"铁犁木"或"铁栗木"，该木质地坚硬耐久，在硬木中最为高大，因此也常被当地匠人用于建筑构件之中。

　　宋代《营造法式》将木雕称之为"雕作"，雕刻技法有混作、雕插写生华、剔地起突卷叶华和剔地洼叶华。现代木雕技法总结将之称为浮雕、透雕、平雕、线雕、镂雕、圆雕等。广西的木雕工匠在开放的环境中相互交流影响，他们吸收着其他民族，特别是汉族的先进雕刻技艺与内容表现，从而逐步发展形成目前我们所看到的多元多样化的建筑木雕装饰样

貌。传统建筑的斗栱、梁枋、雀替、柁墩等，在构件中起着重要的房屋支撑作用，工匠常通过浅浮雕、平雕或线雕工艺进行装饰表现；檐下构件，如封檐、牛腿等视线经常停留的部分，有较强的装饰性需求，因此常通过深浮雕与圆雕工艺进行表现；而门窗、花罩、隔扇格心等处，不仅能分割空间，还起着透光通风的作用，工匠常运用透雕与镂雕工艺。

　　广西传统建筑木雕装饰丰富多样，广府系地区木雕精细纤巧、布局繁复、结构严密、颜色富丽；湘赣系地区木雕结构厚实、构图简练、造型夸张、色彩自然；客家系地区木雕造型朴实，刀法简练；少数民族地区则本色素雕、朴素静雅。这些装饰手法不仅构图匠心独具、工艺细腻，纹饰更是千姿百态、寓意丰富，为建筑赋予了温暖的肌肤，常常让人忽略了建筑构件本身所具有的结构功能。

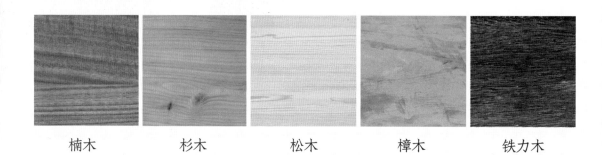

楠木　　　　杉木　　　　松木　　　　樟木　　　　铁力木

图2-7　广西木雕装饰常用木料

木雕的制作过程主要分为四部分:

1.放样

在雕刻之前明确建筑木构件所在位置及需要雕刻的题材内容,然后进行构思、构图,并根据构思稿寻找适宜雕刻的木料。确定方案后用毛笔把需要雕刻的图案描绘在宣纸上,再用毛笔或铅笔勾画到木料上。

图2-8 放样

2.打粗坯

打粗坯即雕刻大形,此过程主要靠锤敲打雕刀。打粗坯是通过雕凿与削切的技术,将木料制作粗坯的形状。在打粗坯过程中,无论圆雕、浮雕还是透雕,都要遵照"由上至下",先从上部入手往下雕;"由前至后",先雕前身,再雕后身;"由表及里",先雕外面,步步向里剥进;"由浅到深",先雕浅的地方,再雕深的地方的雕刻顺序。同时,在打粗坯时还需注意为接下来的精雕留有余地,正所谓"留宽能为窄,留大能为小,留厚能为薄"。

图2-9 打粗坯

3.细雕

细雕是一道细致的工序，必须"细心"。
在细雕过程中，要注意人物、动物的表情，尤
其是眼睛及嘴角的传神刻画。将作品凸处的刀
痕和凹处的刀角，依照木纹的顺茬予以清除。
浮雕和透雕各部形体起伏错落之间的交接，一
定要认真清理，做到"刀口清"，不留刀痕，
不留毛茬。

图2-10　细雕

4.打磨

打磨以加强光洁度。擦砂纸要先用粗砂
纸，后用细砂纸。打磨时需要注意砂纸的走
向，要顺着木纹擦，不能横磨，避免作品表面
起皱。

图2-11　打磨

（三）灰塑工艺

灰塑装饰除了美化功能，还有着抗风、散热、防雨、吸潮的实用功能。究其原因，正是因为制作灰塑的基本材料有稻草、玉扣纸、草筋灰和纸筋灰。这些功能在气温较高、湿度较大的广西地区极其适用，因此被广泛运用于广西传统建筑装饰中。

在广西不同地区，灰塑的表现存在较大的区别。如在广西东南部地区，受广府装饰的影响，表现形式丰富，有半浮塑、浅浮塑、高浮塑、圆塑、通塑，多运用在建筑的正脊、垂脊、博风头、墙楣、山墙等接触日光与风雨的地方。这些灰塑色彩范围广，明亮而艳丽，几乎含盖矿物质颜料的各种色彩，表现题材从花卉果木、祥禽瑞兽到戏剧人物、八宝博古，造型千姿百态、绚丽夺目。而广西北部地区的灰塑则呈现一种简单质朴的状态，色彩多采用灰塑本身的灰白色，通过浅浮雕形式塑造简单的花草、卷龙、蝙蝠、葫芦等形象。

图2-12　百色粤东会馆上的灰塑为七头狮子两只鹿，寓意
"出师路路顺"，以期盼生意兴隆、路路顺畅

灰塑主要分为圆雕灰塑和浮雕式灰塑，其制作过程主要分为五部分：

1.设计构图

工匠根据灰塑所处位置、周围环境以及房屋主人的意愿确定好主题内容，并进行构图设计。

图2-13　设计构图

2.制作骨架

在墙上根据事先设计好的构图走向用钢钉、铜线捆绑成所需的灰塑骨架形状与大小。这里需要注意的是，骨架尺寸需小于所做的灰塑体积。

图2-14　制作骨架

3.造型打底

在骨架周围用稻草灰进行灰塑形象打底，打底工作不能操之过急，需要分几次叠加进行，直到造型达到理想效果。

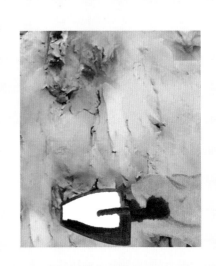

图2-15　造型打底

4.批灰

　　用质地细腻的纸筋灰在稻草灰表面进行造型与神态表现，将灰塑调整得平滑、细腻。

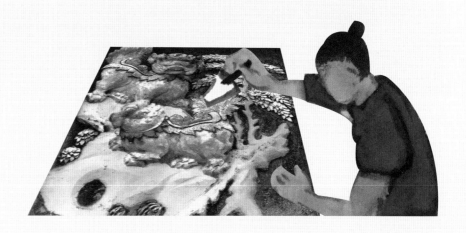

图2-16　批灰

5.彩绘

　　彩绘多以国画写实的形式进行绘制。第一遍彩绘需在灰塑未完全干透时进行，这样颜料才能渗透到灰塑里。待灰塑上彩干透后，颜色会变淡，一般还需要上3次颜色才能令灰塑颜色鲜艳，保持时间长。

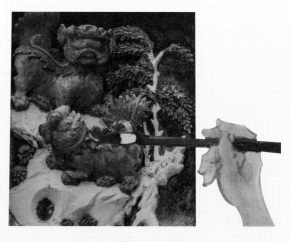

图2-17　彩绘

（四）壁画工艺

作为附加性装饰，壁画有着独特的功能与艺术特色。首先，广西传统建筑中的壁画装饰主要绘制在建筑檐下、门头、连廊以及厅堂的墙头部位，以防止风雨侵蚀与阳光暴晒；其次，精美的装饰绘画为建筑营造出华美富丽的视觉效果，增加建筑之美；最后，壁画繁复程度体现建筑等级，成为房屋主人身份的象征。

广西传统建筑壁画，在尊重建筑内部结构的基础上进行画面与内容设计，华丽但不繁冗张扬。内容大致为人物、花鸟、山水、诗书等，体现了广西大众阶层对士人文化情趣的追求。画面常以中轴线左右对称进行布局，无论数量、内容还是寓意都相互映衬，整齐和谐。

从色彩上看，壁画主要有工笔彩绘和水墨黑白两种。从题材上看，形式多样，内涵丰富多彩，不仅符合人们的视觉要求，更满足其心理需求。例如壁画图案常选用鱼、虾、蟹等水生动物，或是莲、荷、藕等水生植物图案。色调多以青、绿等冷色调为主，是人们针对木构建筑的易燃性而产生的以水克火的心理折射。

烟波浩渺的山水画、寓意深远的花鸟画、行云流水的传统诗词名句，以及涉笔成趣的传说故事人物画，中华优秀传统文化通过一幅幅精美壁画生动地呈现出来。这对当时许多没有机会接受教育的普通人来说，正是最直观的国学文化教材。

图2-18　玉林高山村清末私塾壁画，画中描绘荷花、螃蟹，取谐音寓意"和谐"，两侧分别为清代宋湘的诗《五更》与唐代杨巨源的诗《题贾巡官林亭》

壁画的制作过程主要分为三部分:

1.起稿

对熟练的画师来说,壁画内容已烂熟于心,可直接使用细炭条在墙壁上起稿,如有不准确之处,可通过手帕拍打炭迹进行修改。

图2-19　起稿

2.勾线

按照之前的炭条线稿用毛笔勾勒墨线。

图2-20　勾线

3.着色

画工根据墙面总体构图布局与内容，决定色彩的搭配。着色多采用传统国画平涂与晕染等染色方式。

图2-21　着色

二、
建筑装饰的
分布规律

建筑空间，承载着人的日常生活，也寄托着人的思想感情。随着社会经济的发展，建筑不再单纯满足人们的基本生活需求，而是成为传承地域文化的重要载体。装饰与空间相辅相成，讲求在空间中的主次布局与节奏韵律，使营造技术、生活方式、民族信仰、道德秩序得以体现，极大拓展建筑空间的内涵，映照出广西的地域文化与民众生活形态。

（一）装饰与秩序

秩，常也；秩序，常度也。秩序是指事物得到有条理的、有组织的安排以达到良好的外观状态。在建筑空间中蕴含着相对稳定的空间秩序，这些秩序来自道德约束，也来自视觉逻辑。

在中国传统文化里，任何行为举止、设计造物都要遵循"礼"的等级秩序规范。曹魏阮籍曾说道："尊卑有分，上下有等，谓之礼……车服、旌旗、宫室、饮食、礼之具也。"正是在儒家"礼"的思想原则下，与人朝夕相处的建筑自然成为等级礼制的重要载体，建筑空间布局讲求尊卑有序的秩序原则。

在广西传统建筑中，住宅建筑常按血亲宗法关系布局。长辈使用的空间是住宅的中轴核心区，常着重进行建造，位于全宅最突出醒目的位置。而左、右厢房为晚辈居住使用，与中轴建筑相比显得低矮而朴素。"礼"的秩序同样影响到建筑装饰体系中，无论装饰尺度、题材，还是工艺、色彩，都与建筑秩序空间相呼应，形成一个有机的整体，赋予人在日常生活中的仪式感。

再从视觉逻辑上看，广西传统建筑装饰同样符合一定的视觉秩序。视觉秩序是通过视觉可视化的方式去传达主题内容的逻辑结构，是最终在视觉层面上建立起图像传播的主次顺序的架构。著名心理学家鲁道夫·阿恩海姆在《建筑形式的视觉动力》一书中提道："在有机和无机的自然里，有秩序是如此基本的一种趋向，以至我们可以得出如下结论：除非特殊环境阻止，否则秩序都会出现。"因此，传统建筑通过人的视觉观看逻辑所形成的秩序，将建筑装饰美学思想融入日常生活环境中，使深邃的营造理念与丰富的文化内涵得以体现。

在广西传统建筑装饰的营造过程中，工匠会根据视觉逻辑将工艺复杂、内容精美的装饰放在较为显眼的位置，内容相对简单的装饰则放到次要的位置。例如可体现主人身份地位的门楼、用于会客交流的中厅以及视觉聚焦的门窗等处，常常成为装饰的重点。主人会在经济条件允许的情况下最大限度地体现这些位置的美观性，装饰工匠也会大展拳脚、精心修饰这些位置。

图2-22　人目视前方时为"最佳视角"。人在不断
行进的过程中，可以观赏到不同部分的装饰。蓝色
区域为远看装饰区域，黄色区域为近观装饰区域

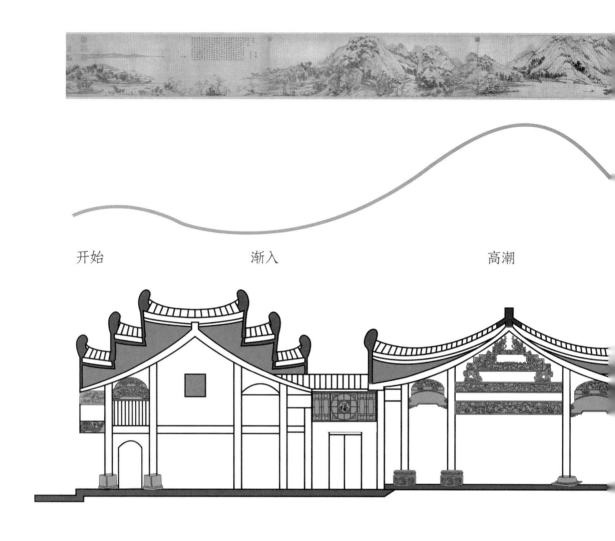

开始　　　　　渐入　　　　　高潮

（二）装饰与时空

建筑装饰与人所居住的时空有着密切的联系。建筑装饰是居住者社会背景、生活阅历、文化程度、个人需求、工匠技艺等多种因素的外化表现。不同的空间有着对应的装饰构件与内容，厅堂中关于功绩伟业的牌匾是对过去的总结，吉祥寓意图案的梁枋、柱础、壁画是对未来的向往。观者身处建筑之中，享受到的不仅是装饰之美，还能感受到时间在空间中的流淌。

"建筑是身体的艺术活动和眼睛的图像活动。"[1]广西传统建筑多由厅堂与天井组成，厅堂可分为前厅、中厅与后厅。建筑装饰常以此布局，围绕中轴线呈左右两侧对称性展开。装饰与空间结构的相互关系与传统艺术文学的表达有着许多相似之处。当人由大门入口缓慢行进至后厅的观览过程中，装饰画面如叙事般缓缓展开。建筑装饰布局主次分明、虚实相间，在空间上形成开始、过渡、高潮至结束的不同阶段，就犹如艺术作品中的"起、承、转、合"节奏关系，形成一个连贯而富有节奏韵律的视觉观赏体系。

1　俞建章，叶舒宪.符号：语言与艺术［M］.上海：上海人民出版社，1988：26.

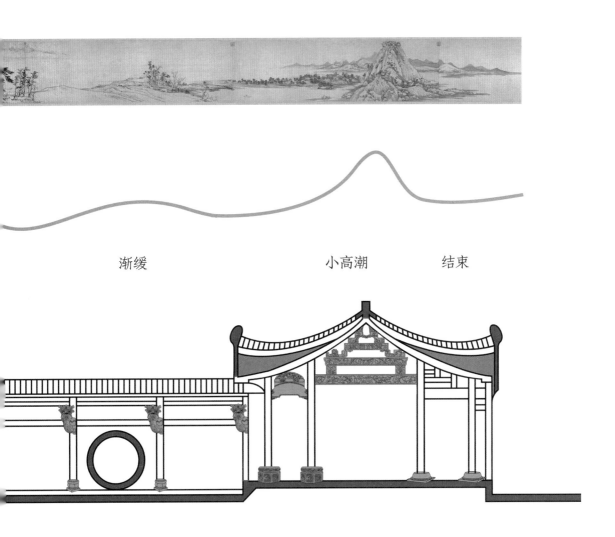

渐缓　　　　　　　　　　　小高潮　　　　结束

图2-23　桂林全州梅溪祠堂的空间装饰布局犹如中国传统长卷
山水画，有着"起、承、转、合"的节奏关系

三、建筑装饰的构图形式

广西传统建筑装饰依托于建筑空间及建筑构件，在建筑构件尺度的要求下，进行题材的选定，选定之后便要将题材元素依据一定的视觉秩序与形式法则进行合理的安排布局，巧妙而优美地组织画面，演变出丰富的图案构图关系。其图案构图与布局，有的恬静有序，有的活泼夸张。无论何种变化，装饰图案在建筑规定的构件上必定按照一定的构成规律进行组织，形成彼此间的联系，并与建筑空间形成呼应。

（一）独立式与适形式

无论在东方还是在西方，只要将装饰纹布置到某一特定建筑部位，便会运用到独立式或适形式的构图。

1.独立式

独立式是指独立、单个的图案构成形式，有着独立的个体与完整性。常见的一般有对称式和均衡式。作为广西建筑石雕装饰代表的灵山苏村司马第石雕，其雕刻内容丰富，构成形式多样，我们以其为例进行构图分析。

对称式是图案围绕明确的中心线或对称轴进行等形等量对称，这种形式呈现出较平稳的形态。在广西传统建筑装饰中，常见植物纹的装饰图案，在构图中，以植物的主干为中心，向左右对称安排枝丫、叶子或花朵。这样的构图简单而纯真，虽略显呆板，但利于装饰程式化制作。

对于均衡式，如果同样是植物纹的装饰图案，那么植物的主干不在中心线上，而是偏向左侧或是右侧，植物的枝丫、花叶也会自由布局，轻松而富有活力。虽然均衡式的图案不受形式的变化限制，可以随意进行组织和创意，但整体结构左右、上下仍在视觉或等量上处于平衡的状态。

图2-24　左右式对称

图2-25　上下、左右式对称

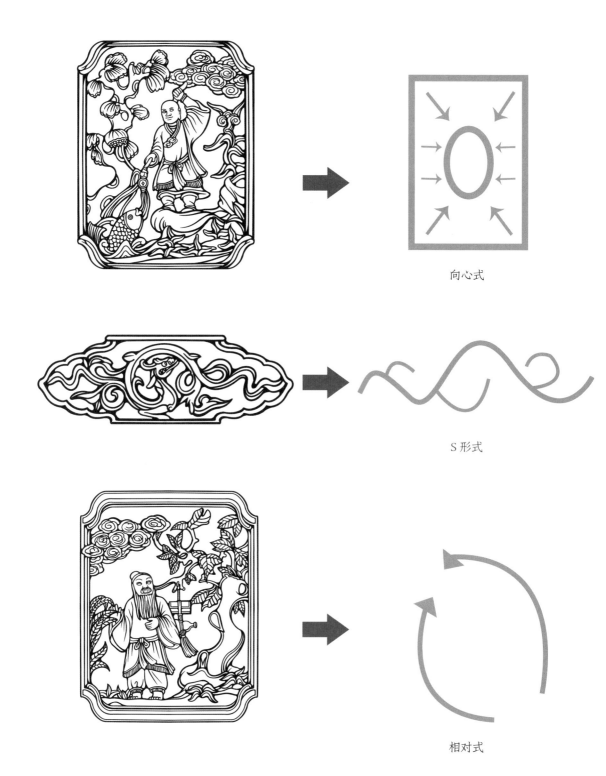

向心式

S形式

相对式

图2-26　均衡式骨骼形式

4 : 1

2 : 3

1 : 2 : 2

图2-27　均衡式各元素比例关系

2.适形式

　　适形式构图是指在建筑特定外形范围下产生的图案样式，常见的有方形、圆形、三角形、多边形等构图形式。在建筑的特殊位置，装饰造型要适合并服从于建筑构件的结构轮廓，从而呈现出许多特异性的构图形式。图案被巧妙地归纳处理，与外形完美结合。

图2-28　圆形适合式

图2-29　方形适合式

图2-30　三角形适合式

图2-31　多样的特异适形式构图

（二）连续式与散点式

对独立式与适形式构图来说，所用图案数量较少，视觉中心点集中。但在连续式与散点式构图中，物象数量繁多，并且每个物象都是一个中心点，这些中心点在整个构图中需要相互关联，最后形成一个综合的中心点。因此，连续式与散点式构图常用在较复杂结构的建筑构件装饰中。

1.连续式

传统建筑有许多狭长的空间需要进行装饰。由一个装饰单位纹样反复连续所形成的构图，有着可以持续延长和扩展的特点。这既节约劳动和时间，又能在整齐统一的基础上产生丰富、复杂的变化，满足建筑独特结构尺寸的需要。

广西传统建筑装饰连续式构图主要有二方连续和四方连续两类。二方连续是用一个基本单位装饰纹样向上下或者左右方式连续排列而形成的构图形式。我们常在壁画的花边以及檐下长形装饰上看到二方连续装饰。

图2-32　壁画边框大量使用二方连续装饰

四方连续主要是上、下、左、右四面不断延续与连接的构成形式。广西传统建筑的门窗中大量使用此方式进行装饰处理，给人一种幸福连绵不断的心理感受。

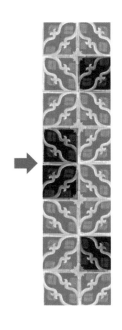

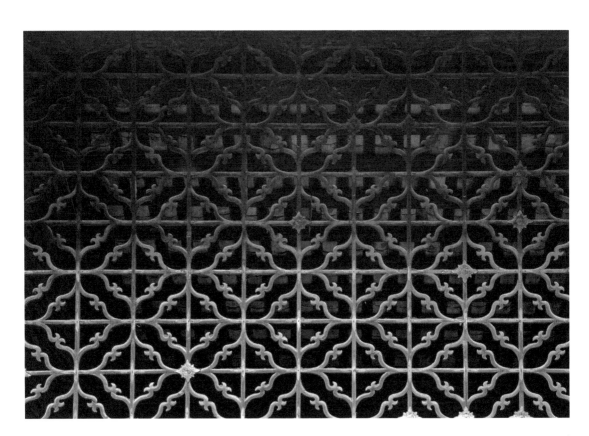

图2-33　玉林萝村中的四方连续窗花装饰

图2-34　西林县岑式祠堂中的
窗花，工匠巧妙运用四方连续
与二方连续相结合的方式进行
装饰

2.散点式

　　传统中国画在构图方式上有着鲜明的特点。画家在空间布局处理上不拘泥于特定的时间与空间，而是按照美的法则，将不同地点、时间、空间的事物放在同一时空中，这代表了中国传统美学思想"情境交融"的审美追求。这样的构图方式，我们称之为"散点式构图"。这种摆脱时空观念的限制，追求艺术表现自由的构图同样影响到广西传统建筑装饰上。在封檐板装饰中，工匠竭尽所能将有着吉祥寓意的动物、植物花卉、瓜果蔬菜等大量形象元素通过散点式长卷的方式呈现出来。画面层次分明、主体突出、多而不繁、杂而不乱，细品起来精彩至极。

　　在人物题材装饰中，没有西式的透视关系，视觉始终以人物为中心点，如画面有多组人物，那么就会出现多个视觉中心。因此工匠在塑造画面时，基本脱离现实比例，构图中人物的透视是平视，但场景的透视是鸟瞰。平视与鸟瞰相结合的散点式构图方法，形成人被放大、场景缩小的"人大于屋，树高于山"的构图特色。

图2-36　在百色粤东会馆墀头装饰中我们可以看到，工匠巧妙通过散点式构图，在不到1平方米的空间内，分上、中、下三段内容。画面场景纵横交错，人物穿插其中，多种场景通过散点式构图疏密有致地整合在一起，有种超越表象、时空一体的幻化之感

图2-35　钦州竹山村封檐板上长卷式构图木雕装饰

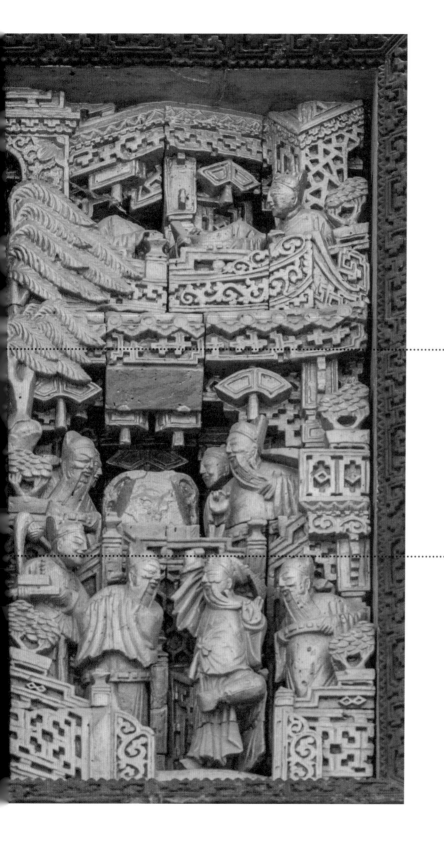

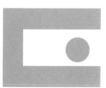

图2-37　装饰图案与墙角转折凝结成一个有机的整体

（三）角隅式与博古式

在广西传统建筑装饰中，还有一些造型奇特的构图。例如角隅式与博古式，全凭建筑特殊部位造型或中国传统纹样结构印象而制，装饰布局自由洒脱，但仍在轻松中保持构图的严谨。

1.角隅式

建筑的墙角，因其位置的缘故，常常被人关注。因此工匠会专门在建筑转角部位进行纹样装饰，纹样的构图与角的边缘外形相适应，图案形态、规格、内容、角度都与墙角转折凝结成一个有机的整体。

2.博古式

博古式构图在传统建筑装饰中普遍存在，具有鲜明的中国传统文化特色，也常出现在广西传统建筑装饰梁架与门窗镂空装饰上。尽管称为博古式，但很多框架实则夔龙式或文字符号式。相同的是它们均以几何形装饰为底框，框架分割出不同的面积，镂空处置入祥瑞动物、植物、花卉或瓜果等形象，为严谨单调的底框增添一份活泼与生机。

图2-38　钦州刘永福故居三宣堂梁架以夔龙纹为底框进行装饰构图

图2-39　浦北大朗书院木窗花以寿字纹为底框进行装饰构图

四、建筑装饰的图案意涵

建筑装饰呈现出来的是房屋主人所崇尚的生活理念与追求。房屋主人无论是豪门望族、达官贵人、普通商贾还是一般民众，都脱离不了那个时代具有统治地位的社会意识。天、地、君、亲、师是不可动摇的等级制约，福、禄、寿、喜是上自君王下至百姓的共同追求。[1]广西传统建筑装饰依附于建筑空间而存在，在装饰图案与意涵上有着丰富的多样性，成为广西地域文化与各少数民族审美理想的集中体现。

由于广西地处南疆，在建筑与装饰秩序上不如中原地区的严格。在中原文化的影响下，融入本土元素，再用轻松的画面寓教于乐，产生出许多祥瑞动物、植物、瓜果、人物、博古、文字、几何、山水等装饰题材。这些装饰题材从建筑的外立面延伸到建筑的内部供人观赏，观者从中不仅能获得视觉上的美感，还能获得心灵上的感悟。

装饰艺术产生于建筑，且应适当地服务于建筑。黑格尔说过："建筑的任务对外在于无机自然的加工，使它与心灵结成血肉因缘，成为符合艺术的外在世界，建筑艺术的基本类型是象征艺术。"广西传统建筑装饰包含传统文化的内容与精神，形成一个蕴含多重意涵并为民众普遍认知的图像符号系统，体现出广西民众对吉祥喜庆、平安避灾、福禄长寿和多子多福的美好愿望。"图必有意，意必吉祥。"作为建筑装饰的传统文化，由于其历史性与多样性，加之中国文字独特的一音多字多义的特点，使装饰图案产生种类繁多的表达方式。

（一）象征

象征是以具体的事物体现某种特殊意义。这样的手法在中国古已有之。两千多年前的孔子在《论语·雍也》篇中写道："知者乐水，仁者乐山。"孔子将自然的山水与人的品格联系在一起，用大山象征人的崇高与安宁，用流水象征人的悠然与淡泊。

著名民艺学专家张道一教授曾提出"福、禄、寿、喜、财、吉、和、安、养、全"这十个中国传统吉祥象征观念。广西传统建筑装饰同样受到此类传统观念的影响，在有限的建筑装饰面积中，巧妙地运用动植物、人物、器物等形象来借物言志，表达内心的情感与思想理念。如龙象征权力，龟鹤象征长寿，大象象征太平，佛手瓜象征长寿，牡丹象征富贵，石榴象征多子，瓜果象征丰收……这些形象通过工匠的抽象与变形，形成具有装饰意味的象征图案，应用在传统建筑的梁枋、柱础、壁画、裙板等处。

1 楼庆西.中国古代建筑装饰——砖雕石刻［M］.北京：清华大学出版社，2011：1.

表1　建筑装饰图案及象征

图案	象征	图案	象征
龙	天子、君权	梅花	佳人、坚强
凤	皇后、美丽	荷花	高洁、谦虚
麒麟	仁慈、和祥	石榴	多子、红火
虎	驱鬼、降妖	灵芝	如意、吉祥
狮子	威武、力量	缠枝	富贵延续
大象	太平、光明	宝剑	平平安安
龟	长寿、吉祥	天官	祈福消灾
鱼	多子、多福	塔	功德积聚
鳌鱼	独占鳌头	石头	长寿、坚强
鹤	长寿、祥瑞	佛手瓜	长寿、福禄
鸳鸯	相爱、情谊	博古	儒雅、文化
卷草	富贵连绵	瓜果	吉祥丰登
牡丹	富贵、高洁	山水	自然、抒情
竹	君子、高洁	桃	长寿、吉祥
松	长生、坚贞	珊瑚	富贵平安
佛教八大件：法轮、法螺、宝伞、白盖、莲花、宝瓶、金鱼和盘长	法轮象征生生不息；法螺象征吉祥和运气；宝伞象征平安；白盖象征远离烦恼；莲花象征清净与圣洁；宝瓶象征成功与圆满；金鱼象征幸福、美好；盘长象征长寿	道教八仙／暗八仙	神仙庇护，葫芦象征救济众生；渔鼓象征劝化世人；花篮象征驱邪济世；阴阳板象征平静安宁；宝剑象征镇邪驱魔；笛子象征滋生万物；扇子象征起死回生；荷花象征生命美丽

（二）谐音

中国文字的数量庞大，据统计有八万多个。在这浩大的文字系统中，同音字大量存在。"谐音"作为中国文化特有的一种语言现象，正是利用汉字同音或近音，使文字表达出双层含义。"言在此而意在彼"，这种思维方式是以联想为基础的，通过谐音字将装饰图案与意涵联系起来，通过动植物或器物等题材表达吉祥文化。如蝙蝠的谐音是"福"或"富"，鸡的谐音是"吉"，芙蓉的谐音是"富"，橘的谐音是"吉"，瓶案的谐音是"平安"。人们巧妙地将思想内容转化为具体的形象，为传统建筑装饰表现提供了大量素材。

表2 建筑装饰图案及谐音

图案	谐音	图案	谐音
羊	祥	芙蓉	富
喜鹊	喜	水仙	仙
鲤鱼	利	橘	吉
蝙蝠	福	桂花	贵
蝴蝶	福、耋	猫	耄
鹿	禄	瓶	平
猴	侯	案台	安
蜂	封	屏	平
鱼	余	扇	善
象	祥	戟	吉
鸡	吉	馨	庆
莲	廉	竹	祝

图2-40　桂林灌阳月岭村石牌坊上象征神仙庇护的八仙石刻装饰及线描稿

图2-41　桂林灵川大圩镇一民宅隔扇门上雕刻代表"福、禄、喜"的芙蓉花、鹿、喜鹊图案

（三）符号

装饰符号是指将事物形象特征进行几何化处理，表达理念的符号系统。这些符号以抽象形式呈现，构成一种形式上的美感。这些装饰抽象符号大致来自以下三方面：

（1）天地、宇宙、星辰、自然景观现象中的图形；

（2）自然界中的动植物、生物等各种形态；

（3）古代哲学观念和宗教祥瑞观念的图形，如太极、八卦、天圆地方、规矩、盘长、方胜等。

所谓"图必有意"，就算是抽象的符号，人们同样赋予了吉祥的寓意。例如八角形寓意吉祥，六角形寓意长寿，圆形寓意圆满，菱形寓意长寿延年，万字寓意万事如意，钱文寓意财富，葫芦寓意福气，法螺寓意生生不息，宝瓶寓意圆满。[1]

这些看似抽象的符号，以一个单元造型为模块，再将这些小单元进行不断地扩展，形成一块宽广的面。符号单元可以根据所在的建筑位置面积进行模块增减，灵活度相当高。如此形成的画面同样被赋予了生命生生不息、幸福连绵不绝的吉祥寓意。

表3　建筑装饰图案及寓意

图案	寓意
"卍"（万字纹）	幸福吉祥绵延不断、生生不息、子孙永续、万代连绵
文字	长寿、富贵、好德、善终、康宁、美好理想的君子作风
囍纹	婚庆、喜庆
寿纹	健康、高寿
八角形、六角形龟纹	长寿、吉祥、幸福延年
钱纹	圆满与财富，财源滚滚来
方胜纹	爱情幸福长久
风车纹	生命与活力，上天恩赐的力量、财富源泉无有终止
回字	循环往复，吉利久长
云纹	高升、如意
雷纹	生机勃勃、吉利深长
夔龙纹	至高无上、权威尊贵
博古纹	清雅高洁

1　郑慧铭.闽南传统建筑装饰［M］.北京：中国建筑工业出版社，2018：154.

图2-42 位于陆川县乌石镇谢鲁村秦子屯燕子山
南麓的谢鲁山庄有一折柳亭，亭内有一"三喜"
花窗装饰，表达了主人一生中的文喜（考上秀
才、当上文官）、武喜（当上少将、司令）及屋
喜（建造山庄）三件喜事

（四）综合

上述象征、谐音、符号除了在广西传统建筑装饰图案中单独出现，更多情况下，它们是以相互组合搭配的形式出现的。这种图案正是基于中华优秀传统文化发展而来的，例如喜鹊与梅花意喻喜上眉梢，宝瓶与如意意喻平安如意，牡丹与白头翁意喻富贵白头，鹌鹑、菊花与枫叶意喻安居乐业。这些综合类的图案题材较多，形成的建筑装饰图案范式在广西传统建筑装饰中被广泛运用。

表4　建筑装饰图案综合搭配及寓意

图案	寓意	图案	寓意
龙、凤	龙凤呈祥	狮子、鹿	出师路路顺
双龙戏珠	吉祥喜庆	公鸡、石头	室上大吉
鹤立于潮水前	一品当朝	莲、荷（或盒子）	和合美好
木筒插松树及彩带	一统万年青	荷叶、鱼	年年有余
松、竹、梅	岁寒三友	蟾宫、折桂	金榜题名
梅、兰、竹、菊	四君子	琴棋、书画	知书达理
芍药、杜鹃、寒菊、山茶	四季花香	瓶子、三支方戟	平升三级
佛手、桃、石榴	多福、多寿、多子	金鱼、池塘	金玉满堂
松、竹、喜鹊、梅花	乔迁之喜、家族兴旺	玉兰花、海棠、牡丹	玉堂富贵
喜鹊、桂圆	喜报三元	鸳鸯、荷花	鸳鸯喜荷
荔枝、桂圆、核桃	连中三元	两只狮子（或双柿子）	事事如意
三只羊配山水	三阳开泰	狮子、绣球	吉祥喜庆
锦地上加花朵	锦上添花	狮子、长缓带	好事不断
红色蝙蝠在天上飞舞	洪福齐天	狮子、钱纹	财事不断
一佛坐在红莲花上	红莲献佛	狮子、喜鹊、桃树	吉祥长寿
中央祥字，五蝠围之	五福祥集	狮子、花瓶、香炉、牡丹	平安富贵
中央寿字，五蝠围之	五福捧寿	白鹭、莲花、荷叶	一路连科
仙鹤及寿桃	群仙捧寿	鲤鱼、牌坊	鱼跃龙门
仙鹤、松石	松鹤延年	月季、花瓶	四季平安
蝙蝠叼磬	福缘喜庆	鹌鹑、菊花、枫叶	安居乐业
梅花、盘肠八结	梅花八吉	竹子、仙鹤	清风高节

续表

图案	寓意	图案	寓意
四季花、连钱	四季连元，连续财富	麒麟、童子	麒麟送子
连钱、桂花	三元攀桂	金鱼、牡丹	金玉富贵
喜鹊、梅枝	喜上眉梢	笔、锭形墨、如意	必定如意
蝴蝶、瓜	瓜瓞绵绵	百合、柿子、如意	百事如意
山形、波纹、"卍"（万字纹）	江山万代	笔、金锭、方戟	必定胜
寿字、山形、蝙蝠、海波	寿山福海	牡丹、白头翁	富贵白头
蝠、桃、飘带	福寿绵长	牡丹、枝叶缠绕	富贵连绵
蝠、寿桃、方眼金钱	福寿眼前	牡丹、蝙蝠、凤凰	富贵吉祥
蝙蝠、桃、双钱	福寿双全	牡丹、凤凰、梧桐树	福星高照
大象、宝瓶	太平有象	牡丹、白头鸟	白头偕老、富贵子孙
福禄寿仙	三星高照	宝瓶、如意	平安如意
喜鹊浴波	喜沐恩波，功名有成	丹顶鹤、松树、太阳	丹凤朝阳
祥云、数只蝙蝠	流云百福	蜂、鹿、灵芝	俸禄如意
葵花、萱草	忠义双全	书、剑	文武双全
松、鹤、灵芝	松鹤退龄，长寿	马、猴子、蜜蜂	马上封侯
石、菊、猫、蝶	寿居耄耋，长寿	喜鹊、鹿、蜜蜂、猴子	喜禄封侯
芙蓉、桂花、万年青	荣贵万年	福字、鹿、桃	福禄寿
天官、蝙蝠	天官赐福	鹿、鹤	六合同春
万年青（或"卍"万字纹）、如意（或灵芝）	万事如意	鹰、狮子、花卉	英雄会
麒麟、书	圣人诞生	鸭子、莲花	连登榜首

图案

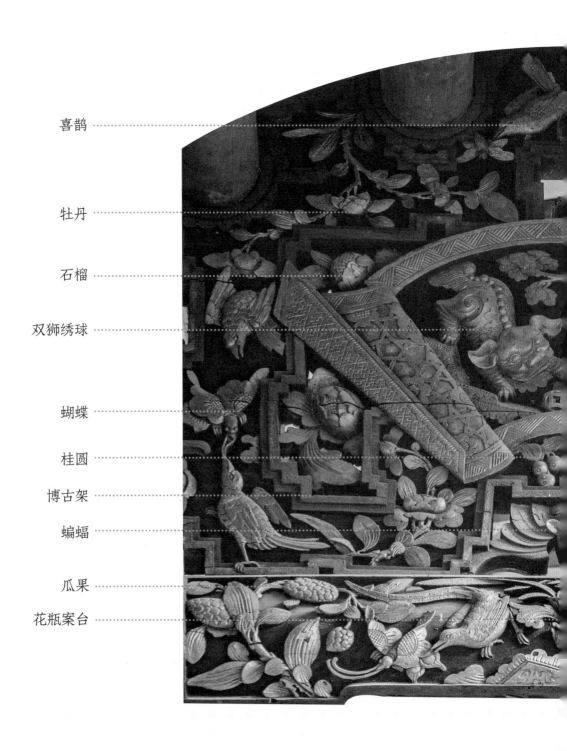

喜鹊

牡丹

石榴

双狮绣球

蝴蝶

桂圆

博古架

蝙蝠

瓜果

花瓶案台

寓意

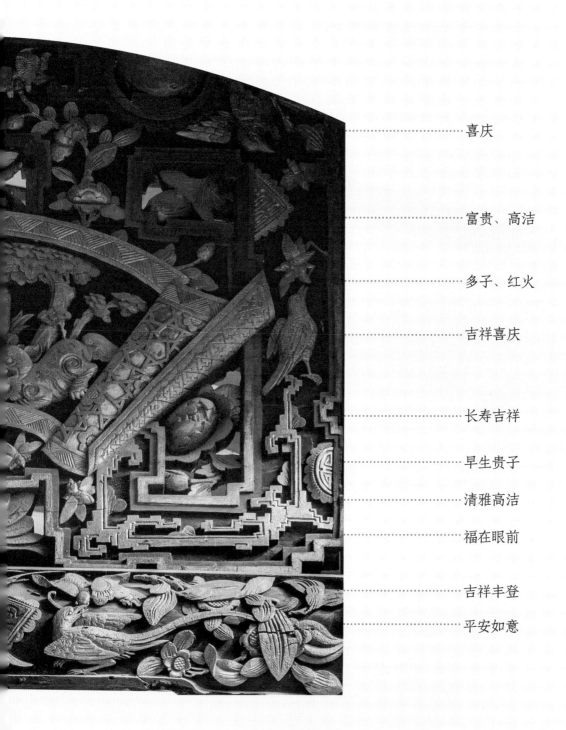

喜庆

富贵、高洁

多子、红火

吉祥喜庆

长寿吉祥

早生贵子

清雅高洁

福在眼前

吉祥丰登

平安如意

图2-43　刘永福故居梁架装饰图案意涵分析

寓意

四季平安

多子多福　仁义孝廉　　　　圆满顺畅　金榜题名

文房如意

鱼　民间故事　　　　虾　月季花瓶

图案

知书达理　富贵连绵　　吉祥丰登　　喜上眉梢

书画　　卷草　　　　瓜果　　　梅花喜鹊

图2-44　黄姚吴氏宗祠壁画装饰图案意涵分析

五、建筑装饰的色彩应用

原始人类就对自然界中存在的缤纷色彩感到震撼，蔚蓝的大海、翠绿的鸟羽、鲜艳的花朵……无不刺激着人的感官，他们很早便开始使用自然中的色彩改变器物本身的质地颜色。从出土的彩陶中不难看出，在距今约10000年前的新石器时代，先人便开始使用黑色、红色对陶器进行修饰。

春秋后期，人们开始把颜色与宇宙观和五行学密切联系起来。古代中国人的宇宙观是天圆地方，并分为东、南、西、北、中五个方位，分属木、火、金、水、土五行，对应青、赤、白、黑、黄五色，从而在中国传统装饰色彩运用中形成一套配色与审美基本规范。《周礼·考工记》中详细记载："画缋之事，杂五色。东方谓之青，南方谓之赤，西方谓之白，北方谓之黑，天谓之玄，地谓之黄。青与白相次也，赤与黑相次也，玄与黄相次也。青与赤谓之文，赤与白谓之章，白与黑谓之黼，黑与青谓之黻，五采备谓之绣……"

这种"五行"和"五色"的观念深深影响到了社会的各个层面。在等级森严的封建社会，色彩成为代表等级身份的差别。秦汉以后，各代都以"五色""五行"等观念来制定服饰的颜色，尤其是皇帝和官员的服饰，色彩更是有严格的规定。如皇帝的服装颜色需要根据季节的变化而变化：孟春穿青色，孟夏穿赤色，季夏穿黄色，孟秋穿白色，孟冬穿黑色。在建筑方面，不同等级的建筑的形制、色彩等也不同。如明代规定，只有亲王府邸才能用朱红色，瓦用青色，其他官员和民间百姓家的建筑不能使用朱红色。清代除了皇宫屋顶使用金黄色琉璃瓦，还有一些佛教寺庙和孔庙、学宫等建筑亦可使用。因此传统建筑装饰色彩的运用，不仅出于外观的美感，还出于一种强烈的追求。这种追求不单是物质方面的，更多来自中华民族传统思想与阴阳五行学说的精神信仰。

图2-46 桂林全州蒋氏宗祠将"五色"充分利用到门楼装饰之中

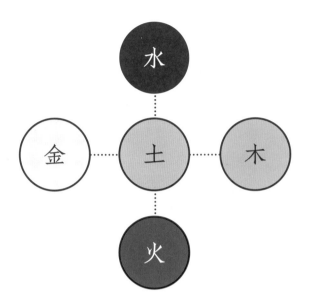

图2-45 东方，树木茂盛、郁郁葱葱，呈现出一片绿色的景象，因此东属木，为青色；南方，光照时间长，骄阳似火，火呈红色，因此南属火，为赤色；西方，日落的金色光泽与秋天的落叶给人一种苍白的寂寞之感，因此西方属金，为白色；北方，水资源丰富，土地肥沃，黑土地中蕴含大量的有机质，因此北方属水，为黑色；中部，厚重黄土，给人感觉满眼都是黄色，因此中部属土，为黄色

广西地区的传统建筑色彩普遍遵循中国传统色彩使用规律。但由于地处中国南部沿海地区，南濒北部湾、面向东南亚，同时居住着壮、汉、瑶、苗、侗、仫佬、毛南、回、京、彝、水、仡佬等世居民族，在装饰色彩的使用上有着自己的特色。其色彩成因主要受以下几个因素的影响：

（一）生态环境

"建筑之始，产生于实际需要，受制于自然物理，非着意创制形式，更无所谓派别。其结构之系统及形制之派别，乃其材料环境所形成。"梁思成先生提出建筑存在于生态环境之中，对建筑材料的使用有着重要的影响。温度、湿度、日照、雨水等因素在一定程度上影响着建筑以及装饰的色彩。

广西北部地区，寒暑分明，夏天日照时间长，气温高，雨水多；而到冬天，草木枯黄，天地阴沉。因此，这里的工匠在建筑与装饰材料选择上多以浅灰色为主，如青色、灰色、白色的墙面或是屋顶。单调的色彩不仅呼应了广西北部山区寒冷冬日给人以凝重感的心理倾向，功能上还能舒缓夏日人们狂躁的心情，浅色系建筑材料充分将光线反射，较少吸收太阳热量，从而在高温天气中保持屋内的清凉。

地处北回归线以南的广西南部与东南部地区，这里常年温暖潮湿，无论天空还是植被色彩都显得分外强烈。受环境影响，这里的传统建筑装饰多使用夸张而热烈的色彩。

图2-47　富川福溪村的白墙灰瓦。浅色调的建筑不仅舒缓了人们在高温下狂躁的心情，同时将光线反射，较少吸收太阳热量

由萍水而登蟾窟數十年遭際端擶祖德宗功

图2-48　桂林阳朔龙潭村大面积的青砖与木门窗
充分保留了自然材质本身的色彩

（二）物质条件

　　影响广西传统建筑装饰色彩的物质因素，主要是营建的建筑材料。这与建筑所在地区物质资源、建筑的功能，以及所有者经济实力有着密切的关系。以柱础为例，使用不同的石材所呈现出的颜色也不尽相同。

　　在桂北地区，传统建筑多为湘赣系民居，外墙基本裸露，不过多粉饰，所用材料原原本本地呈现在我们眼前。同是砖墙，受不同原料及烧制技艺的影响，产生丰富的色彩之美。

　　明代官修典章制度史书《大明会典》中记载，颜色中以黄为尊，其余依次为"赤、绿、青、蓝、黑、灰"，所以广西传统建筑多以黑、灰为主。但在清代之前，广西的开采技术并不发达，在有限的条件下，人们发现具有吉祥寓意的红砂岩易于开采。虽然中央对红色有着严格的使用规定，但对"山高皇帝远"的广西人民来说，这些规定鞭长莫及，加之人们对官式、主流的崇拜与模仿，天然的红砂岩石材被广泛使用。

石灰石

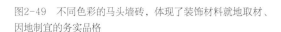

图2-49　不同色彩的马头墙砖，体现了装饰材料就地取材、因地制宜的务实品格

图2-50　由于石柱础使用不同的石材，所呈现出的颜色也不尽相同

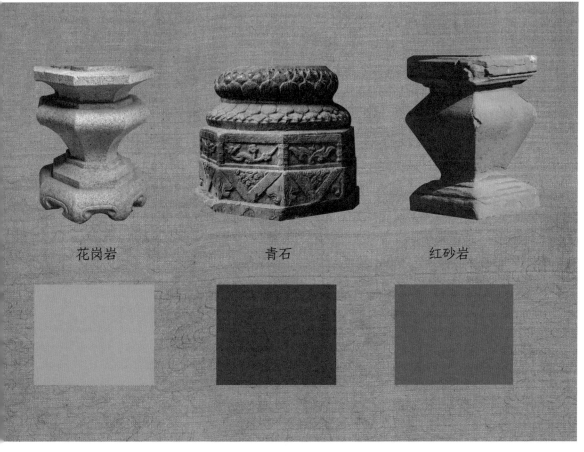

花岗岩　　　　　　青石　　　　　　红砂岩

（三）风土人情

广西传统建筑装饰的色彩应用还受一个重要的因素影响，那便是风土人情。传统的等级制度对建筑装饰的色彩有着深刻的影响，但在远离政治中心的广西，我们看到装饰色彩更多地受到民间风俗与民族风情的影响。

由于民间信仰盛行，广西十分注重宗族观念，规模较大的村中基本都会有宗族祠堂与祭祀性建筑，尊祖敬宗、祀神启灵的民间风俗文化影响着这些建筑装饰中的色彩运用。以红色为例，在中国传统建筑中，红色常用在重要的宫殿、寺庙中，代表一种尊贵和威严，但在民间，红色却更多被赋予了辟邪、吉祥、喜庆的寓意。

壮族，是一个能歌善舞的民族，我们从花山岩画中可以看到许多壮族先民翩翩起舞的欢乐场面。爱美的壮族妇女会以素色细纱为经，多种颜色的丝绒为纬，编织出色彩绚丽、图案别致的壮锦，以供生活使用。在色彩使用上，壮锦常以红、黄、蓝、白为基本色，对比鲜明强烈，充满热烈、活跃与欢腾的气氛。这样具有浓郁民族特色的色彩搭配，同样被运用到壮族地区传统建筑装饰之中。

图2-51　始建于南宋时期的玉林兴业谭村，有着原生态的山歌戏曲、国术舞狮等民俗文化。每到节日，人们张贴红色对联，燃放红色鞭炮，与红色梁柱、瓦顶遥相呼应

图2-52　壮锦具有浓郁民族特色的色彩搭配，同样被运用到壮族地区西林县那劳镇的岑式祠堂建筑装饰之中

我们通过选取以下广西庙宇祠堂、公共建筑、民居、少数民族村寨代表性建筑装饰色彩，进行主辅色调比例分析，更为直观地呈现广西传统建筑中的色彩之美。

图2-53　合浦大士阁色彩分析：建筑主色调为暖色调，屋顶多为对比色，颜色选取十分讲究，宝石蓝的滴水、瓦当、石绿色的翘檐与天空融为一体，黄色的盘龙与之形成强烈的对比

建筑色彩搭配

山墙色彩搭配

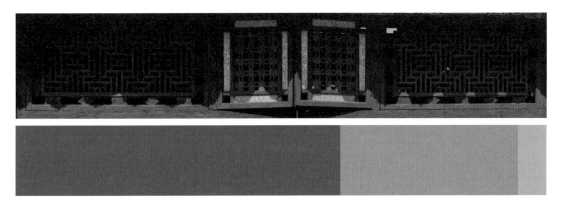

窗栏色彩搭配

建筑色彩搭配

正脊色彩搭配

檐下色彩搭配

图2-54 百色粤东会馆色彩分析：主体建筑材质本身以灰色为主，
为体现会馆的级别，以红色作为墙面色调，与金箔装饰檐梁相搭
配，体现出一种华丽与高贵的气质。正脊陶塑、灰塑用色大胆丰
富，多以对比色突出装饰性，犹如人物头顶美丽的头冠

建筑色彩搭配

檐梁色彩搭配

图2-55 富川秀水村色彩分析：桂北地区极少在建筑构件上进行色彩处理，
多突出材质本色，体现一种含蓄深沉之感

垂花柱色彩搭配

建筑色彩搭配

图2-56　三江侗族东寨鼓楼色彩分析：少数民族地区多以附近山中
木材作为建筑材料，建筑主体保留木质本身色彩。为不使建筑色彩
过于单调，当地工匠会在垂花柱等装饰细节上进行色彩处理

六、建筑装饰的地域与时代特征

广西传统建筑装饰有着各异的审美特点，装饰美感的多样性来自传统建筑所处的不同地域与不同的时代。

表5　广西不同地域石狮造型分析与比较

石狮	位置	外形
恭城湖南会馆石狮——简约朴拙 	恭城，位于湖南与广西交界处。境内地形以山地、丘陵为主，东、西、北三面为中低山环抱，中间为一条南北走向的河谷走廊。夏湿冬干、夏长冬短，光热充足，雨量充沛	 方形为主，三头身比
黄姚宝珠寺石狮——笃实敦厚 	黄姚，位于广西东部昭平县，为典型的喀斯特地貌。古镇依山傍水，四周群山峰环抱	 方形为主，三头身比

（一）地域特征

地域通常指一定的空间，是自然要素与人文因素共同作用形成的综合体。地域在某种程度上有一定的限制，在一定的空间上具有明显的相似性，也有着连续性。当然，对建筑行业的工匠，特别是从事装饰营造的工匠来说，他们很少为单一地区的建筑服务，他们常常出外打工，或是招收徒弟，有一定的流动性。因此，在装饰的地域特征上并没有显示出明显的分界线。

现以广西几处石狮为例进行分析。石狮是广西人心目中的神兽，不但具有威武的象征意义，还能表现喜庆的气氛。在广西民间，石狮成为不同地域雕刻者真情实感的流露。石狮没有固定的雕刻标准，不同地域出现的石狮造型各异，有的眼睛、鼻子挤在一起，嘴巴夸张地占据大半张脸；有的弱化脸部表现，强调毛发起伏质感……这些或"别扭"或"神气"的石狮造型，映射出不同地域石匠打制石狮的文化心理，也代表了房屋主人不同的心理寄托。

面部	毛发	配饰
鼻子、眼睛、脸颊压缩同处一面，位于顶部。嘴巴在脸部所占面积较大，微张吐舌	浅浮雕髯须与背部修脊纹若隐若现	浅浮雕刻响铃、项圈以及腿部螺旋纹，脚踏钱纹石鼓
头部扁平，鼻子、眼睛、脸颊压缩同处一面，位于顶部。鼻孔夸张，嘴巴关闭，露出整齐排列的牙齿	毛发浅浮雕刻，髯须、头顶、背部及尾巴端部做螺旋纹	身上无明显装饰，脚踏钱文石鼓

续表

石狮	位置	外形
钟山玉坡大庙石狮——气宇轩昂 	玉坡，地处广西东北部钟山县，南岭"五岭"山脉之都庞岭与萌渚岭余脉西南，富江下游流域，是珠江流域桂江水系支流的上游	 以圆形为主，五头身比例
忻城莫土司衙署石狮——雄健威武 	忻城，位于广西中部，红水河下游。这里处于南亚热带，雨量充沛，气候温和	 方圆相当，三头身
西林宫保府石狮——憨态可人 	西林，位于广西最西端，处于云贵高原向广西丘陵过渡的褶皱带上，与滇、黔交界。这里光照充足，夏天炎热	 圆形为主，两头身

面部	毛发	配饰
头部圆润，五官位于圆形头部的弓形表面上，雕刻细腻逼真。嘴巴大张，口含宝珠	脑后、脊柱、尾部有隆起乳丁状螺旋纹高浮雕，两侧浅浮雕毛发，线条舒朗有序，装饰感极强	腿部卷云纹线雕，脚踏石鼓、小狮子
头部圆润扁平，两眼瞪视前方。线雕、浅浮雕、深浮雕穿插有致。嘴巴微开展舌	额头浅浮雕卷云纹。深浮雕隆起球状头发整齐排列，背部修脊与尾巴运用装饰性对称卷云纹	葫芦形响铃、回纹项圈，两侧有浅浮雕璎珞，脚踏小狮子
头部圆润，五官位于圆形头部的弓形表面上，五官造型夸张紧凑。嘴巴紧闭，若有所思	额头、髯须、四足有突起乳钉状螺旋纹高浮雕。头顶到背部修脊、尾巴为浅浮线雕，整齐有序排列	高浮雕响铃、脚踏绣球

（二）时代特征

时代，是指人类社会发展过程中的不同的历史阶段。所谓建筑装饰的时代特征，是指与特定时代相适应的反映在建筑装饰上的基本特征。

柱础，在建筑体系中既是受力构件又具有较强的装饰作用，是广西传统建筑中结构与艺术完美统一的典型代表之一。宋代《营造法式》卷第三"石作制度"中对石柱础雕饰纹样就有这样一段描述："其所造华文制度有十一品：一曰海石榴华；二曰宝相华；三曰牡丹华；四曰蕙草；五曰云文；六曰水浪；七曰宝山；八曰宝阶；九曰铺地莲华；十曰仰覆莲华；十一曰宝装莲华。或于华文之内，间以龙凤狮兽及化生之类者，随其所宜，分布用之。"[1] 这些纹饰大多受了佛教艺术的影响，其中以莲花瓣覆盆式为主要式样。

由于石柱础本身质地坚硬、抗腐性强，在传统建筑中，相对其他木构件来说得到长久保存的概率较高，因此相对能准确地判断出这种构件的时代特征。现存的广西传统建筑以明、清两代为主，柱础在朝代的更迭中显现出鲜明的时代特征。

明代的广西传统建筑柱础宽度明显大于高度，呈扁平状。广西明代柱础整体线条比较简单，层次分明，大多没有过于精细的雕刻，给人以稳重、厚实的感觉。覆盆八角莲瓣状为常见形式，莲花不仅有着丰富的寓意，其盛开时花瓣四面张开的形态也很适合用在柱础上，犹如一朵围绕木柱盛开的花。

清代，柱础的材质和式样都发生了显著变化。首先，材质上倾向于花岗岩。随着开采技术的提高，以往较难获取的花岗岩也相对容易获得。由于花岗岩质地坚硬、抗压性能强、易于雕刻，因此，广西石柱础由明代的扁平造型转向竖向造型。相较之前厚重、壮实的柱础，此时的础石变得挺拔起来，开始有了中间窄两头宽的束腰形，也有了圆鼓加多层基座的复合型，还有水瓶、葫芦等造型。造型多样，轻盈而不失稳重。

1 ［宋］李诚撰，方木鱼译注.营造法式［M］.重庆：重
   庆出版社，2018：卷三.

表6　广西明代石柱础覆盆莲瓣造型分析

合浦大士阁	富川福溪村
始建于明成化五年（1469年）	始建于明永乐十一年（1413年）
整体呈扁平状，直径约42厘米，双层莲花瓣，层次分明，造型粗犷	整体由覆盆形双层莲花瓣与八角基座组成，直径约44厘米，莲花瓣上有精细纹路雕刻

表7 广西清代造型各异的石柱础造型分析

百色粤东会馆	南宁新会书院	钦州竹山村
清康熙五十九年（1720年）	清乾隆初年	清乾隆二十四年（1759年）
基座+花瓶式束腰形，花瓶有着平安、美满的寓意，上大下小的曲线造型	基座+叠涩束腰形，叠涩由内而外层层缩小，有着极强的节奏律动感	葫芦形，造型简约大方，不仅造型与力学相符，又有吉祥的寓意

全州精忠祠	阳朔朗梓村
清咸丰八年（1858 年）	清同治年间
基座＋须弥座＋八面鼓形，鼓面图案采用浅浮雕，基座高腿用深浮雕，粗细结合，装饰效果丰富	圆鼓＋方形基座，圆鼓小，基座大，上轻下重，在视觉上有着稳定感

春来花如绣

第三章

——广西汉文化区传统建筑装饰

GUI ZHU
FAN HUA

GUANGXI
CHUANTONG JIANZHU
ZHUANGSHI YISHU

第三章

春来花如绣

——广西汉文化区传统建筑装饰

汉族是广西人口最多的民族。在历史的不同时期，部分汉族人从中原通过湘桂走廊、潇贺古道，以及西江水域等通道进入广西，主要分布在广西东部、东南部、东北部的桂林、贺州、梧州、玉林、防城港、钦州等低丘、河谷平原地区，这些地方地势平坦、土地肥沃、气候温润。

湘桂走廊包括了水路与陆路交通。灵渠，在相当长的一段时间内都是中原与广西军事、政治和商业交往的重要通道。《灵渠文献粹编》中有这样的记载：自宋代以来，湘桂的商业流通已非常发达，兴安灵渠商旅繁忙，"楚米之连舶而来者，止于全州，卒不能进……渠绕兴安界，深数尺，广丈余，六十里间置斗门三十六，土人但谓之斗。舟入一斗，则闭一斗……向来铜船过陡河必行一月……"[1]在这种水运不畅的情况下，官府一方面不断维修灵渠，疏通河道，另一方面开始寻求从湘南通往桂北漓江的陆路商道。于是，一条从湖南南部经广西东北全州、灌阳、兴安崔家、高尚过灵川长岗岭、熊村，进入桂林或大圩码头的最短的陆路——湘桂走廊应运而生。

潇贺古道是从湖南道州、江华通过都庞岭、萌渚岭峡谷进入桂东恭城、富川的陆路通道，这些道路与水路连接后，一条经茶江与漓江汇合，另两条经富江和桂岭河至临贺古城汇合成贺江水路，俗称潇贺古道。潇贺古道通过陆路的方式沟通珠江和长江水系，连通湖南、广西与广东，中原的人员和物资可以通过古道进入广西，向东可以到达广东并出海，向西可以到达云南与贵州，向南可到达交趾（今越南北部红河三角洲地区）。

西江水域连通着广西与广东，各支流呈叶脉状几乎遍布广西全境。明清时期，两广的主要沟通交流围绕西江干支流展开，成批的外省汉族移民沿着西江进入广西，直至深入桂西地区。为了便于开展农业生产，他们选择在地势平坦、土地肥沃、光照充足的广西东北部与东南部地区开垦荒地，并与当地居民一起生活，共同生产。

迁居广西的汉人有从事农耕、经商的，也有军事需要的。他们进入广西，按照其身份和所操职业不同，被称为"菜园人""蔗园人""射耕人""疍民""讲军""官人"等，或根据其籍贯又有"齐人""北人""中原人""京兆人""中县人""山左人""江右人""粤东人""湖广人""楚人""闽人"等不同的称谓。[2]这些不同身份与阶层的人从中原来到广西之后，根据广西当地的自然环境与气候特点，在学习与借鉴原住居民生活方式的基础上，运用汉式营造技艺建造与当地环境相匹配的建筑，随之而来的还有建筑上的装饰文化。目前我们所能看到的汉式建筑装饰，主要集中在明清时期所建的衙署、祠堂，或是经商的富贾、门第、官宦修建的建筑上。

中原文化与百越文化经过不同历史时期的融合与分化，逐渐形成东南地区汉族的不同社会文化民系类型，包括越海民系、闽海民系、广府民系、客家民系与湘赣民系。在广西，由于迁居的汉族来自不同的地区与支系，受到的人文文化影响不同，在建筑装饰上不自觉地保留着各自的文化基因。在已有的广西汉式建筑研究中，一般将民系属性划分为湘赣、广府和客家三类。作为最易识别的广西建筑文化——建筑装饰，同样以这三类民系进行归纳与分析。

1 熊伟.广西传统乡土建筑文化研究［M］.北京：中国建筑工业出版社，2013：25.

2 覃乃昌.广西世居民族［M］.南宁：广西民族出版社，2004：54.

一、湘赣系传统建筑装饰

湘赣系是湖南与江西两省建筑特色的合称。在地理位置上，湖南与江西相邻。据史料记载，明朝初年，湖南绝大多数的移民都来自江西。因此，它们在地理与文化上有着许多的相似之处。

广西湘赣系传统建筑主要集中在与湖南交界的桂东北地区，如桂林、贺州富川瑶族自治县及钟山县等地。现存较具代表性的湘赣系村落有桂林全州梅塘村、兴安水源头村、灵川江头村，贺州富川福溪村、秀水村等。这里的建筑是典型的天井式，从平面上看基本都是矩形，四面高墙包围。

湘赣系受到中原文化的直接影响，江西又是理学的发源地，因此在广西湘赣系建筑中能看到存在于空间秩序布局上的儒家礼仪与伦理道德。建筑以中轴线形成左右对称布局，按礼制和尊卑有序的原则，由代表文化核心的厅堂和代表空间核心的天井共同组成一进院、二进院，或更大规模的三进、四进式院落。

在建筑美感上，湘赣系注重建筑美感与自然美景之间的意境交融。俗话说"靠山吃山"，湘赣系建筑的材料大多采自周边地区，基底采用石材或卵石砌成，墙体大部分不抹灰，露出青砖颜色，与周围环境融为一体。为了适应南方气候和当地的生活习俗，虽然在装饰布局与内容上仍然沿用中原建筑装饰的基本制式，但依据当地材料的属性，在雕刻工艺与表现内容上更加注重自然朴素之美。

图3-1　广西的湘赣系民居，是典型的天井式建筑，从平面上看基本都是矩形，四面高墙包围

（一）湘赣系传统建筑装饰特征

1.墙体

　　广西的湘赣系建筑流行硬山搁檩地居式，多用青砖、石块与夯土构筑墙体。常见的装饰形式有马头山墙式与人字形山墙式。

（1）马头山墙

　　高大的墙体不仅避免外人随意进入，同时隔绝火灾蔓延造成连锁损失，这就要求山墙需高出屋面。工匠经过阶梯式和艺术化的处理，使形状酷似马头的马头墙成为广西湘赣系建筑中较为常见的山墙形式，高低错落的马头墙使得整个村落富有生气而活泼起来。在中国江南地区民居也常见马头墙的身影，一般为一叠到五叠多种层次。但在广西湘赣系建筑中，马头墙常见为二叠与三叠式。

　　马头墙墙体由青砖砌成。为增加美感，工匠还会将马头墙的墙脊处理成弯曲向上翘状，成雀尾形或朝笏形。檐下每层用砖叠涩出挑后加以石灰涂抹装饰。在大户人家里，工匠还会在石灰条带上塑造万字纹、草龙纹等图案，成为灰瓦檐口和墙面的过渡装饰带。檐角墀头的装饰题材多为吉祥的花草纹样和辟邪的图案，成为整个建筑中较为精彩的装饰部位。

叠涩出挑 ┈┈┈┈┈┈┈

过渡装饰
带灰塑 ┈┈┈┈┈┈┈

图3-2　檐角墀头的装饰题材多为吉祥的花草纹样和辟邪的图案，成为整个建筑中较为精彩的装饰部位

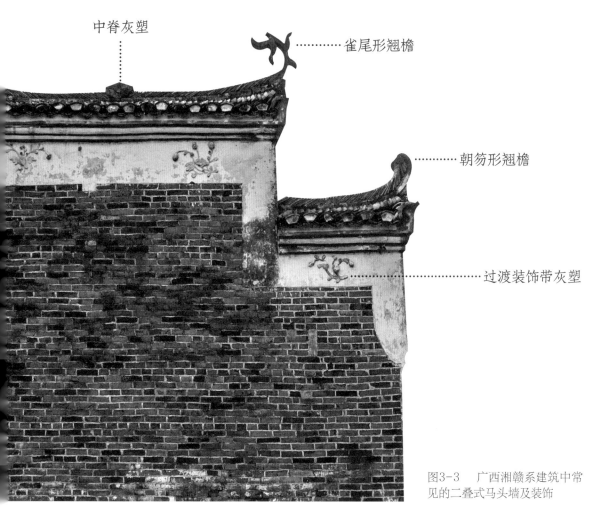

中脊灰塑　·········· 雀尾形翘檐

·········· 朝笏形翘檐

·········· 过渡装饰带灰塑

图3-3　广西湘赣系建筑中常见的二叠式马头墙及装饰

（2）人字形山墙

广西湘赣系建筑的屋架有着前高后低的特点，山墙结构与屋面轮廓重合，侧面看犹如"人"字。因此，这类山墙被称为人字形山墙。人字形山墙并不是一面中心对称式的山墙，山墙仅在面向屋宇朝向的一面翘起。人字形山墙虽然没有马头墙所具有的防火功能，但做法和装饰均类似马头墙。下檐砖砌叠涩出挑，叠涩墙角与墀头处以彩画或灰塑表现吉祥纹饰，装饰色调与青灰墙体形成明朗素雅的调和关系。

2.屋面

（1）屋顶脊饰

广西湘赣系建筑多为硬山式屋顶构造，顶部正脊装饰较为简单。正脊脊身通常是由瓦片呈左右倾斜排列，中脊装饰用瓦或灰塑技法制作出简易的花卉、瑞兽、葫芦、钱币等消灾辟邪的吉祥图案。

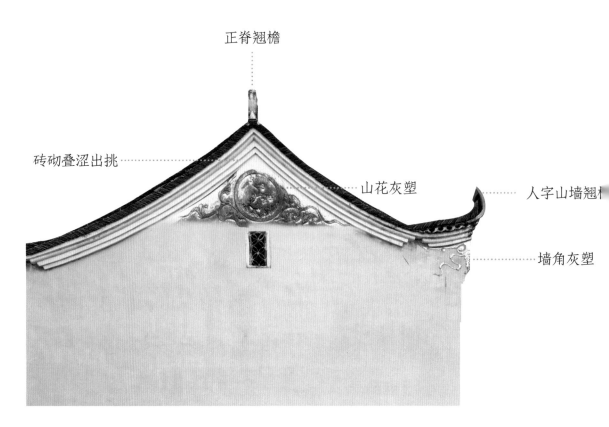

图3-4　人字形山墙通过砖砌叠涩出挑，叠涩墙角与墀头处以彩画或灰塑表现吉祥纹饰

瓦片重叠

单一蝙蝠形　　　蝙蝠与花组合

两层　　　　　三层

瓦片造型

单一花形　　　　重复花形　　　　钱币形

灰塑花造型

单一花形　　　　单一花形　　　　单一花形

灰塑葫芦造型

葫芦与花组合　　　葫芦与花组合　　　葫芦与鱼组合

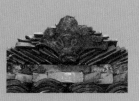 

灰塑蝙蝠造型

单一蝙蝠形　　　　蝙蝠与花组合

图3-5　广西湘赣系建筑中脊上多用瓦片叠加或灰塑的形式进行装饰

（2）山花

在坡屋顶的左右两面，前后的斜坡顶形成一个三角形区域，称为"山"。这部分空间，工匠常用灰塑、彩画的方式进行装饰，所以称为"山花"。在广西湘赣系建筑山花中常用浅浮雕灰塑工艺制作三角形适合纹饰，或是制作圆形装饰纹饰，在三角形区域形成视觉上方与圆的互补。

图3-6　圆形装饰图案，在三角形区域形成视觉上方与圆的互补

图3-7　以斜坡顶形成一个三角形区域，适合制作纹饰山花

3.构架

在树林繁茂的桂北大地，大量的木材为湘赣系建筑的建造提供了充足保障。建筑构架的基本形式由立于地面的木柱与垂直木柱上所架设的梁架组成。梁架之上的柁墩、雀替、撑栱、牛腿为重点装饰部位，这些构件不仅是民间匠师最能发挥技艺的地方，也是广西湘赣系建筑最有生机之处。

（1）梁枋

有句成语叫"雕梁画栋"，指在栋梁等木结构上雕刻花纹并加上彩绘，使建筑富丽堂皇。可见梁不仅在结构上起着承重的作用，也是建筑上重要的装饰构件。根据梁的位置、功能、形制等，可分为三架梁、五架梁、七架梁、骑门梁、月梁、抱头梁、挑尖梁、单步梁、双步梁、趴梁、太平梁等三十多种梁构。这些梁在屋内能直接看到，梁是木构架建筑中与立柱垂直相连的横跨构件，承受着上部构件以及屋面的全部力量，所以工匠在不影响功能性的基础上对梁的两端进行雕刻装饰。与广西湘赣系建筑色调相同，梁枋的装饰尽量保持木料的本色，仅仅刷上桐油，以确保木料能持久使用。

（2）柁墩

柁墩位于两层梁枋之间，作用是将上层梁的重量传至下层梁。在广西湘赣系建筑中，由于梁无法进行繁复的雕刻，所以工匠会把雕刻的重心放在柁墩上。柁墩常在一块整木上进行雕刻，采用深浅浮雕配合的工艺表现花草、动物等吉祥题材。

五架梁 ……

角背 ……

七架梁 ……

（3）雀替

雀替，又名角替，位于柱子与梁枋交接处，主要起到减少梁枋与梁柱接口处的承受力。至于为何要用"雀"这个字，有人认为是因为此构件相比其他木构件来说体积较小，如雀鸟一般，因此形象地称之为"雀替"。在装饰技法上，湘赣系建筑的雀替充分使用透雕、深浮雕的技法，雕刻精细，线条流畅自然，使原本体积不大的雀替有了强烈的装饰感。

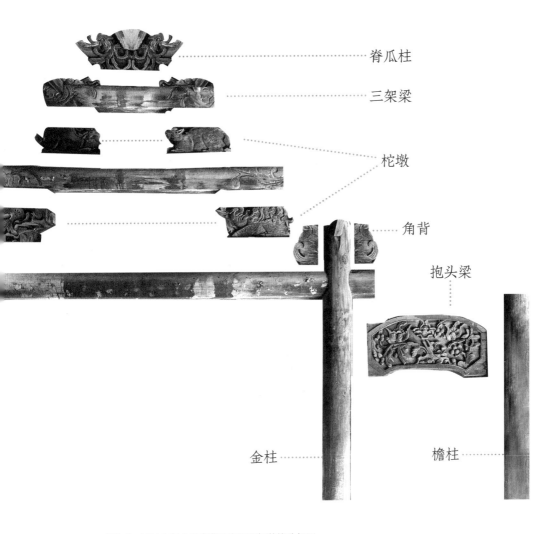

脊瓜柱

三架梁

柁墩

角背

抱头梁

金柱　　　　　檐柱

图3-8　桂林永福木村屯莫氏宗祠梁架装饰分解图

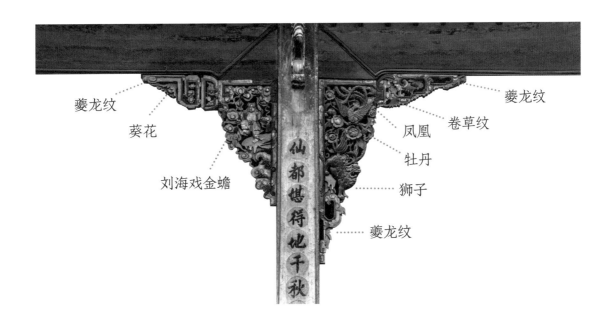

夔龙纹　　　　　　　　　　　　　　　　　　　夔龙纹

葵花　　　　　　　　　　　　　　　　　　卷草纹

凤凰

牡丹

刘海戏金蟾　　　　　　　　　　　　狮子

夔龙纹

图3-9　湘赣系建筑的雀替充分使用透雕、深浮雕的技法雕刻戏文故事、吉祥动植物等，颇具生活气息

繁 桂
花 筑
花 春 第
如 来 三
绣 花 章

132

（4）斗栱、撑栱、牛腿

向外延伸的屋檐需要支撑，工匠想出许多办法，常见的有斗栱、撑栱与牛腿。

斗栱是传统建筑中以榫卯结构交错叠加而成的承托构件，斗栱处于柱顶、额枋、屋顶之间，是立柱与梁架之间的关节。林徽因曾经这样描述："椽出为檐，檐承于檐桁上，为求檐伸出深远，故用重叠的曲木——翘——向外支出，以承挑檐桁。为求减少桁与翘相交处的剪力，故在翘木加横的曲木——栱。在栱之两端或栱与翘相交处，用斗形木块——斗——垫托上下两层栱或翘之间。这多数曲木与斗形木块结合在一起，用以支撑伸出的檐者，谓之斗栱。"

斗栱用在屋檐下，可以使屋檐极大地向外延伸。但现存的广西湘赣系建筑，由于多是砖墙，出檐较浅，因此所见斗栱不多。桂林恭城周渭祠与全州蒋氏宗祠多为并列重复斗栱，排列细密的斗栱除了起支撑屋檐的作用，还成为屋顶构架间起装饰作用的构件。

对支撑出檐，工匠也有着许多的奇思妙想。他们在屋檐下用一根木材，一端顶住立柱，一端撑住屋顶的出檐，这与斗栱的功能相似，但造型简单轻巧很多，被称为撑栱。

一根直的木料会显得太生硬，工匠又将其巧妙地处理成有弧度的曲型，并在弯曲的木料上进行雕刻修饰加工。

　　对装饰有着强烈要求的房屋主人来说，撑栱的装饰范围还是太有限，于是工匠又将撑栱与柱子之间的三角形空位区也做成装饰部位。虽功能相同，但却有了一个新的名字——牛腿。三角形构图的牛腿与雀替外形十分相似，并同处于立柱之上。人们常将两者混淆，通过图3—11可知，牛腿位于立柱正立面，支撑屋顶出檐，而雀替则位于立柱的左右两侧，支撑梁枋。

图3-10　桂林恭城周渭祠门楼斗栱，又称"蜜蜂楼"。斗栱由座斗、交互斗与鸳鸯斗三种形式组成。排列细密的斗栱分布均匀，富有韵律，有着强烈装饰性，同时气流通过时所发出的振鸣感，令鸟类不敢在此筑巢

牛腿

雀替

图3-11　桂林恭城湖南会馆外檐柱上的牛腿位于立柱正立
面，支撑屋顶出檐

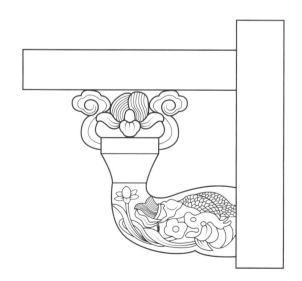

图3-12　桂林水源头村鳌鱼纹撑栱，鳌鱼
形象雕刻简洁生动

图3-13　贺州富川秀水村木质门头，秀逸优美

4.大门

青墙灰瓦的广西湘赣系建筑，造型古朴稳重。作为一户人家脸面的大门，自然成为装饰的重点部位。所谓"门第等次"，大门装饰的繁简直接反映了屋主人的经济水平与社会地位。

（1）门头

门作为使用者出入房屋的必经之处，是使用率较高的建筑部件。地处潮湿多雨的桂北地区，人们想到在门框上安置一个小屋顶，以便在进出大门时能遮风挡雨。这个门框上的小屋顶，就是门头。

在广西湘赣系建筑中还常见一种使用砖砌的重檐式门头。由于砖砌的门头无法实现屋檐出挑，因此不具有木质门头的使用功能，但这并不妨碍工匠对门头进行修饰美化。作为最重要的正门常会处理为三重檐式，而侧方的门则会用单重檐式简单装饰。

门头

门额

横枋

门簪

门枕石　　　门槛

图3-14　桂林兴安水源头村砖砌的门头虽已无遮风挡雨的功能，但青瓦顶与斗
栱叠涩完全按木质门头样式塑造

（2）门簪

门簪，又叫元宝墩。在中国传统建筑斗栱中，原是裸露在外墙面用于支撑内梁的楔子，位于正门建筑的匾额下方，对门梁上的匾额起到承重的作用。因门上楔子造型与妇女插入头发的簪子相似，故称"门簪"。后来随着造屋技术的提高，许多门簪演变为纯粹的装饰物。桂林阳朔龙潭村仍保存着许多形式丰富的门簪，有花瓣形、圆鼓形、莲花形等。门簪正面多刻有太极八卦、花鸟鱼虫等纹饰，侧面为浅浮雕吉祥宝物、花草纹饰等。村中门簪在色彩上有些保持木质原色，有些施以红色、石青、石绿。

（3）门槛

门槛是防止屋外的积水进入室内而设立的隔板。桂北地区气候潮湿多雨，建筑材质多选用石质。由于人在进出大门时经常磕碰到门槛，因此常使用浅浮雕技艺进行装饰。

（4）门枕石

门枕石位于大门两侧边框的下方，主要是承托门扇的转轴使大门能开关。门枕石是实用与美感结合的构件，露在门外的一段石墩位置显要，装饰的好坏成为屋主人身份和地位的象征。广西湘赣系建筑的门枕石主要有两种：一种是抱鼓石，由须弥座和圆鼓组成；另一种是方形石座，由须弥座和方石条组成。

图3-15　桂林阳朔龙潭村仍保留着许多形式丰富的门簪

图3-16　贺州富川秀水村石鼓，鼓身直立，祥云为鼓托，底座侧面雕刻生动的人物形象

图3-17　恭城周渭祠大门处门槛使用浅浮雕技艺进行装饰

5.其他

（1）隔扇

隔扇是一种中国古代门的形式，用于分隔室内外或室内空间。它既具有门的出入功能，又有窗的采光通风功能，是人的目光较常停留的部位。隔扇一般由上部分格心与下部分裙板组成，格心与裙板之间由绦环板间隔。

在广西湘赣系建筑中，隔扇主要安于厅堂处，面向天井的隔扇装饰最为精美。每块隔扇的装饰雕刻虚实结合，具有强烈的艺术美感。隔扇的装饰主要集中在格心与绦环板，格心用木棂条组成正交格网，呈菱花纹、冰裂纹、万字纹、夔龙纹等图案。工匠还会在级别较高的隔扇棂格之间加入吉祥植物瓜果、珍禽瑞兽等题材雕刻装饰。绦环板装饰纹样以吉祥植物、动物为主，常使用浅浮雕制作，极个别会使用到透雕工艺。灵活多样的格扇构件，向观者直观传递广西传统建筑装饰的美。

图3-18　永福木村屯民居隔扇装饰虚实结合，具有强烈的艺术美感

（2）窗

广西湘赣系建筑一般坐北朝南，因此窗多开于建筑南面。夏季接纳凉风，降低室温；冬季阻挡寒风，保温驱寒。传统建筑的窗不仅具有通风、采光的作用，同时能够装饰建筑的立面。天井是广西湘赣系建筑空间的中心，建造者十分重视天井四周窗的装饰，在天井常能见到雕刻精美的槛窗。槛窗的形式和隔扇相同，但槛窗只有隔扇的上半部格心，没有下半部裙板，常见尺寸约40—100厘米不等。槛窗注重整体表现和细部刻画，远看可领略其整体气势，近观可欣赏雕刻文化。窗的棂格多使用万字纹、回纹、冰裂纹、夔龙纹、步步锦（一步步向内收紧，象征走向锦绣前程）等多重组合图案，在棂格的空白之处，配以花草、瑞兽等精美的镂空木雕，使槛窗灵动而富有生机。居住者从屋内向外观看，窗上的装饰与屋外景融合形成一幅美妙的画卷，令人心旷神怡。

（3）柱础

柱础为木柱下方垫的石墩，作用有二。一是将荷载传至土地，二是防止地面潮湿对木柱造成侵蚀。广西湘赣系建筑所在的桂北地区山石较多，石材多采自附近的青石或血筋石。最早柱础式样可见有宋代的铺地莲花式，但最常见是圆鼓式与复合式。复合式以圆鼓加基座形式为多，但装饰图案与分布各具特色，很少有雷同。可见柱础的装饰内容随匠人的喜好与屋主人意愿而变换，并无特别规范束缚。

图3-19　桂林阳朔旧县一民居内支摘窗，装饰精湛，上扇窗可用支杆支起来，更大限度实现采光与通风功能

图3-20 广西湘赣系建筑内多样的复合式柱础，即使是同一建筑内，柱础样式也有所不同

（二）湘赣系传统建筑装饰实例

1.桂林全州县沛田村

　　明朝景泰年间（1450—1457年），唐志
政与他的族人从全州县坦口村（今永岁镇湘山
村）出发，来到今全州沛田村位置的时候，被
这里充沛的水资源与开阔的土地吸引，于是他
们停下了前行的脚步，选择在此定居进行耕作
生产。关于"沛田"一词的来由，根据唐氏族
谱中《村名说》的记载："环村原田每每四水
潆湲，沛泽既多，故名之曰泽沛田。"[1]

1　韦伟.桂林传统村落勘录［M］.北京：中国建筑工业出
　　版社，2018：11.

图3-21　沛田村现今仍保存有一百多座古建筑，这些传统建筑以村中祠堂为中心自由延展

象征平安连连的花瓶、莲花形象 ·······················

象征升官福禄的蜜蜂、猴子、喜鹊
与鹿的形象

　　从建村伊始到民国时期的近500年历史中，沛田村凭借丰沛的资源物产，以及良好的耕读之风，全村共有32人相继在朝廷为官。沛田村现今仍保存有一百多座古建筑，这些传统建筑均以村中祠堂为中心自由延展，村中现存祠堂有肖峰公祠、瑾南公祠、鼎台公祠与鸣岐公祠四座。公祠作为装饰较为集中的公共建筑，从梁上雕刻到柱础处理，工匠都极尽所能进行艺术加工。在瑾南公祠内，有一门槛由一整块青石雕刻而成，浅浮雕包袱将门槛包裹，居中的包袱六边锦纹上刻有不同的小团花，各

式团花中还穿插鱼纹与蝙蝠纹。包袱外两侧为对称式卷草龙纹，龙纹呈三角形适合纹样，龙头昂首向中心仰望。同样，在肖峰公祠中也有一块保留完整的门槛，门槛雕刻为三联式构图，居中雕刻为包袱形，包袱里面雕刻富贵吉祥的牡丹、雀鸟、麒麟，包袱外分别雕刻送财童子图案，童子将一串铜钱玩于手中，形象生动而活泼。右边方框雕刻象征飞黄腾达的鱼跃龙门，左边方框雕刻象征升官福禄的蜜蜂、猴子、喜鹊与鹿的形象。

象征吉祥富贵的牡丹、喜鹊形象

象征财源滚滚的送财童子形象

象征飞黄腾达的鱼跃龙门形象

图3-22　肖峰公祠门槛雕刻为三联式构图

图3-23　桐荫山庄由练武房、住宿厅、八角亭、对面厅、官厅、书
屋六部分组成，建筑面积约2000平方米

　　沛田村独具特色的建筑位于村北口，由时任全县（今全州县）县长唐杰英出资兴建的桐荫山庄，桐荫山庄的取名来自《吕氏春秋》中"桐叶封弟"的故事。建筑始建于民国六年（1917年），民国十四年（1925年）完工。高大的二叠式马头山墙显示着当时建筑的辉煌，两侧墙脊弯曲上翘，以夔龙形与雀尾形相结合。檐角墀头也极具装饰感，灰塑狮子、凤凰、麒麟、花草、瓶案等吉祥图案有序穿插在墀头有限的空间内。建筑檐下勾勒白粉宽边，灰塑表现折枝花纹、卷草龙凤等纹饰。桐荫山庄内天井石板均由大块方料青石筑成，为增强装饰效果，石板表面同样雕刻简单花纹。雕刻

精美的石柱础，刀法苍劲有力的雀替木雕，装饰多样的楼阁围栏花板，处处体现屋主人对美好生活品质的追求。

图3-24　檐角墀头极具装饰感，灰塑狮子、凤凰、麒麟、花草、瓶案等吉祥图案有序穿插在墀头有限的空间内

2.桂林全州县梅塘村

　　梅塘村位于桂林市全州县绍水镇，小溪从村中穿流而过，建筑与周围环境融为一体。梅塘村的先祖名叫赵梅岩。赵梅岩，字芳境，原浙江省金华府兰溪县竹简村人。在宋度宗（1265—1274年）在位期间，赵梅岩成为翰林院学士。本可享受高官厚禄的他不久便面临南宋政权的土崩瓦解。因宋元之交时兵乱，久居湖广清湘县（今全州县）大宅的赵梅岩闲游至今梅塘村位置，忽见眼前有一口池塘，池水清可见底、波光粼粼，池边的梅花开得正艳。此时的赵梅岩宛如回到了自己的故乡江南，喜不自胜，立即决定迁居到此，围绕池塘建屋立舍，并取名"梅塘"。在梅塘边有一公祠，名叫"梅溪公祠"，建于清嘉庆二年（1797年）。

　　在农耕时代，村民无论从事农业生产，还是抵御天灾、修建房屋，仅凭一己之力都难以完成，他们意识到只有合作才是生存发展的依靠。于是，彼此血缘亲属间自发形成一股内聚力，同一家族直系后裔世世代代聚居，逐渐壮大，相互协助，完善成一种有结构性的群体。作为家族祭祀先祖、举行崇拜仪典的祠堂，自然成为村落中的核心建筑。族人为了表达对祖先的敬重，往往会花大量的人力物力去建造本族祠堂。梅溪公祠无论从建筑体量还是建筑装饰上，均采用较高等级形式，是梅塘村建筑工艺与装饰艺术的集中体现。

　　梅溪公祠主体建筑面积987平方米，三间三进两院落，分为门厅、中厅（也称大堂、正厅，宗族长老议事与族人聚会之处）、后厅（奉祀祖先神位之处）。墙体为三叠式马头墙与人字形山墙相互结合，装饰性强的马头墙居前，居后人字形山墙靠马头墙的一边高高翘起，与马头墙呼应，装饰布局协调，形成逐级递进的关系。

图3-25　梅溪公祠，墙体为三叠式马头墙与人字形山墙相互结合，装饰性强的马头墙居前，
居后人字形山墙靠马头墙的一边高高翘起，与马头墙呼应，装饰布局协调，形成逐级递进的
关系

图3-26　祠堂入口檐廊的木构件装饰精美，弧形轩棚与檐梁
装饰相映成趣，功能与装饰形成完美的结合

梅溪公祠入口为避免南方的雨水对木质屋架的侵蚀，在前金柱与檐柱之间做了一厅堂前檐。作为进入祠堂的第一个节点，前檐成为装饰的重要部位。弧形轩棚与檐梁装饰相映成趣，功能与装饰形成完美的结合。檐梁依轩棚弯曲结构而制作，工匠依其形雕刻一只倒立的蝙蝠，取"福到"之意。柁墩左、右两侧分别雕刻具有"多子多福""长寿安康"寓意的石榴与寿桃，柁墩之下的月梁，寓意富贵的两只长尾雀鸟身处花团之中，两两相望。

梅溪公祠内中厅与后厅层高分别为9米、

8米。支撑如此体量的空间，需要一个稳定木构架。因此在梅溪公祠内有广西传统湘赣系建筑里罕见的大体量梁架结构与装饰，硕大庄重而又古朴端庄。厅堂里每根梁枋均用宽大整木加工而成，每层梁枋由下至上逐级装饰，祥鹿形装饰的柁墩与夔龙缠枝纹梁枋装饰画面融为一体，最终将人的视觉引向最高处形成视觉中心。在聚焦点上，有低头俯视的蝴蝶，也有相对而视的龙凤，雕刻精美绝伦，展现了当时全州地区工匠精湛的手艺与过人的艺术审美水平。

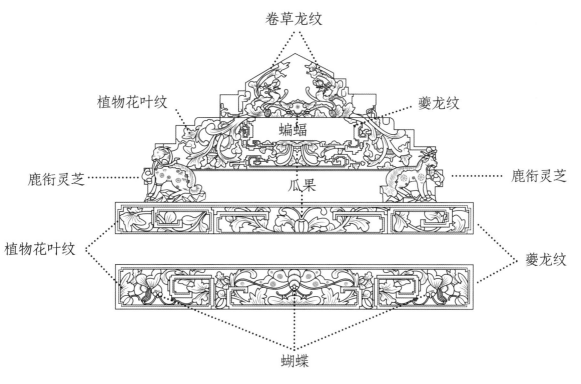

卷草龙纹

植物花叶纹　　　　　　　　　　夔龙纹

蝙蝠

鹿衔灵芝　　　　　　　　　　　　鹿衔灵芝

瓜果

植物花叶纹　　　　　　　　　　　夔龙纹

蝴蝶

图3-27　中厅常为族人议事、举行大型活动的地方，因此在
装饰上突出华丽与热闹

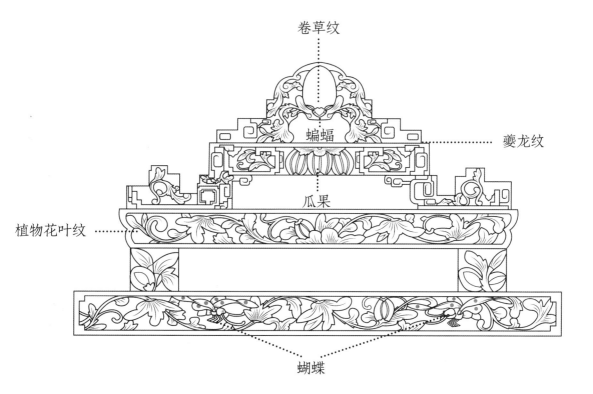

卷草纹

蝙蝠　　　　　　夔龙纹

瓜果

植物花叶纹

蝴蝶

图3-28　后厅用于供奉神龛，因此在梁架装饰上以寓意子孙繁
衍的连绵缠枝为主要图案

3.桂林全州县石岗村

在距离桂林市全州县15千米的永岁乡石岗村，有一座工艺精湛的木质牌楼，名叫"燕窝楼"。之所以称燕窝楼，只因门楼上的如意斗栱组合极像燕子所筑的窝。燕窝楼原是村里的蒋氏宗祠的门楼，蒋氏宗祠筹建于明弘治乙卯年（即弘治八年，1495年），由石冈村蒋氏后裔工部侍郎蒋淦主持设计与修建，于正德六年（1511年）开始建造，嘉靖七年（1528年）建成。整体建筑面积396平方米，依次有门楼、门厅、天井、两侧过廊、中厅、雨亭和后厅。

燕窝楼的斗栱极具装饰性。斗栱最初的作用是支撑屋顶的出檐，以减少屋内大梁的跨度，达到分担屋顶重量的作用。但燕窝楼的屋顶面积并不大，从结构上来说不需要制作繁复的斗栱结构进行承重，因此燕窝楼斗栱的设计更多是考虑装饰性，以体现蒋氏宗祠建筑的高等级。燕窝楼高12米，宽8米，一共用了324个斗栱，由上四层、下三层的弓字形木榫环环相扣，衔接成斗栱。方向均向两侧倾斜，呈45度角，在楼檐和额枋间单栱层层出拱成菱形漫射状。斗栱细密，绵密成韵，装饰华美，在前端统一雕刻卷云纹，并用白色、石青、石绿色描绘。站在门楼下抬头仰望，层层叠叠的斗栱犹如悬在屋下的燕窝，更如空中星辰，繁星点点。

后厅　　　天井 雨亭　　中厅　　　过廊 天井 门厅 门楼

图3-29　燕窝楼于嘉靖七年（1528年）建成，距今已近500年历史

图3-30　燕窝楼斗栱细密，绵密成韵，装饰华美，在前端统一雕刻卷云纹，并用白色、石青、石绿色描绘

图3-31　蒋氏宗祠依次由门楼、门厅、天井、两侧过廊、中厅、雨亭和后厅组成

4.桂林兴安县水源头村

　　湘江的源头到底在哪？说法不一，有一种说法是在桂林灵川县海洋乡，还有一种说法是在兴安县白石乡。饮水思源，2005年，湖南省水文水资源局通过卫星遥感与水流数据测算，并与灵川县海洋乡的"源头"做比较，最后确定湘江的主要源头在桂林兴安县白石乡。湘江源头泉水形成涓涓细流，途经的第一个村子便称为"水源头村"。

　　水源头村内居民大多姓秦，因此水源头村还有一个别称，叫"秦家大院"。相传是在明朝洪武年间，他们的祖先秦德裕蒙冤被贬，于是携带家眷，从山东青州府跋山涉水一路来到桂北山区。经过几代人的迁移，最终选择三面环山、地理环境优越的水源头地作为安居之所，在此繁衍生息。

　　水源头村三面环山，村后群山聚首朝拜，村前平野开阔，湘江源头之水缓缓流过。独特的风水理念加上美丽的自然风貌，使这里人才辈出。出过文状元——秦世樟，还出过武状元一人、进士二人、中举十多人。据碑文记载，在清嘉庆年间，这里已是名门大族。村中建筑布局受汉族传统封建礼制的影响显著，布局规整，轴线分明，房屋立面整齐统一，充分体现礼制里以中为上的规矩。村子建筑群左右对称，成片成排，依山势迭次上升，有欣欣向荣、节节高升的寓意。

图3-32　水源头村中建筑群布局规整，轴线分明，依山势逐次上升，有欣欣向荣、节节高升的寓意

水源头村目前保存较完整的古建筑群23座，包括东花厅、西花厅、魁星楼、爱日堂、茂兴楼、爱月堂、吉昌阁、德裕楼等。

对于村中每一个大户家庭来说，大门装饰的繁简便是财富的标志。一个家族有没有声望，通过房屋大门上的装饰便可看出。因此，水源头村各宅院大门成为重点粉饰的部位。大门虽尺度统一，但装饰细部手法各不相同。有的富丽高贵，有的简约典雅；有的塑重檐门头，有的塑单檐门头；有的檐下仿斗栱造型；有的檐下塑浮雕壁画……大门装饰与建筑主体交相辉映、美轮美奂。

紫气东来

图3-33　水源头村各宅院大门成为重点粉饰的部位。大门虽尺度统一，但装饰细部手法各不相同

元亨利金

绳其松茂

户拱三星

永振家声

朝照乾坤

水源头村建筑内部的装饰大多围绕天井展开，正厅与两侧厢房的隔扇门窗重复并排，代替密闭的砖墙，充分实现室内的通风与采光。作为隔扇的重要装饰，木棂条组成回字形装饰格心。放眼望去，很难看出哪是门，哪是窗。人置身天井之中，犹如被绚烂的繁花包围，别有一番韵味。

在房屋木柱之下，还见一种木质柱础，造型与石柱础相似，有基座式与圆鼓式。因其无法起到防潮的作用，木柱础之下接触地面的部分仍使用方形石础，以避免地面潮湿对建筑木构造成影响。

图3-34　基座式木柱础

图3-35 作为隔扇的重要装饰，木棂条组成"步步锦"形装
饰格心。放眼望去，很难看出哪是门，哪是窗

5.桂林灌阳县月岭村

月岭——因村后有一座高山，形状犹如横卧着的犀牛抬头望月而得名，所以这里又叫"望月岭"。月岭村位于湘桂两省的交界之地，距离桂林市灌阳县30千米，距湖南道县的仙子角镇23千米。村子三面山岭护卫，背依灌江，地势平坦，农田肥沃，很早就成为移民进入广西的首选之地。

现如今，月岭村现居住着470多户人家，大部分为唐姓一脉相传。根据月岭村《唐氏宗谱》上的记载，月岭村人的祖先属东鲁郡，在唐朝末年的时候领兵到湖南平定暴乱，从此便留在湖南永州湾复村生息繁衍。直到宋末理宗淳祐四年（1244年），因为常年战争，民不安宁，为了躲避战乱，月岭村先祖离开了湾复村，迁居到月岭这个地方。

湘桂两省交通往来的便利，加之月岭村肥沃的土地，让这支从湖南迁到此处的唐氏家族日益兴盛起来。到清朝初年，富足起来的他们开始大兴土木、买地建房。道光年间（1821—1850年），村中首富唐虞琮同时为自己的六个儿子修建院堂，分别是长子唐世楫的"翠德堂"、次子唐世桎的"宏远堂"、三子唐世楷的"继美堂"、四子唐世模的"多福堂"、五子唐世柱的"文明堂"、六子唐世桐的"锡瑕堂"，六座建筑围绕着月岭村中心相邻而建，排列井然有序。

月岭村每座厅堂布局规整严谨，堂屋、厢房、天井、花园一应俱全，有着典型的湘赣系建筑特色。建筑装饰着重放在大门入口处，大门檐下运用灰塑浮雕的手法表现植物、雀鸟等形象，并施以持久的矿物质颜色。同时，在重要院落大门柱础上，匠人选用附近山中青石进行雕刻，形式多为基座形加圆鼓形的复合式柱础，柱础表面雕刻有莲花、鲤鱼跃龙门等吉祥寓意纹饰。

图3-36 月岭村人才辈出，据当地村史记载，明清时考进士4人、举人4人、贡生8人、国学生9人，五品以上官员10人。道光己亥科举人唐景涛官至二品通奉大夫。崇文尚学的气氛带给月岭村深厚的建筑装饰底蕴

图3-37 唐虞琮围绕月岭村中心为六个儿子修建的院堂，排列井然有序

次子唐世桱——宏远堂

三子唐世楷——继美堂

五子唐世柱——
文明堂

四子唐世模——多福堂

长子唐世楫——翠德堂

六子唐世桐——锡嘏堂

图3-38 堂院建筑入口门楼上的灰塑浮雕植
物装饰

图3-39 复合式石柱础上雕刻莲花、鲤
鱼跃龙门等吉祥寓意纹饰

位于月岭村北口的稻田中，矗立着一座石牌坊。石牌坊通高10.5米，面阔13.6米，中门跨径6.05米，四柱三开间、双重檐的结构，高翘的屋顶，圆雕、浮雕、透雕各种工艺的石雕分饰其间，繁复华丽，是广西现存体量最大、工艺最精的石牌坊。这座犹如石雕博物馆的牌坊静静地向我们诉说着一段180多年前发生在这里的故事。当时村中首富唐虞琮的第六子，"锡嘏堂"的主人唐世桐从小体弱多病，到30岁时才娶了一位姓史的女性为妻，不幸的是唐世桐与史夫人成亲不久便病故。短暂的婚姻并未摧毁史夫人，她一生为丈夫守节，把三哥唐世楷的儿子接过来抚养，取名唐景涛。唐景涛从小聪敏，好读书，到清道光己亥年中举，并被朝廷委以重任。唐景涛功成名就后，一直怀念艰辛将他抚育成人、培养成材的养母史夫人，于是向朝廷提出请求，经道光皇帝降旨恩准，于清道光十九年（1839年），在月岭村口立下石牌坊，以此纪念这位史夫人。

月岭石牌坊为庑殿式双重屋顶，正脊的两端采用南方建筑房屋常见的鳌鱼造型，鱼嘴衔着正吻，鱼身倒立，尾部如花似水。富有动感的鳌鱼加上四角翘起的檐角，让原本厚重的石质牌坊有了一种轻盈之感。牌坊顶端立有一座宝塔，犹如古代官帽顶珠，塔为三层八面式，三层塔形均有不同，第一层为透雕直窗，第二层为阴刻圆窗，第三层工匠巧妙地利用塔形八面的特征，雕刻"欲穷千里，更上一层"八个字，让人顿生登高望远、月岭风光尽收眼底之感。檐下南北两侧中心置有"皇恩旌表""敕建牌坊"的匾额，匾额四周运用高浮雕技艺雕刻象征皇权的龙纹。匾额之下，同样在南北两侧明间横额上镌刻"艰贞足式""孝义可风"八个楷书大字，字体浑厚有力，犹如史夫人坚强不屈之性格。

石牌坊上梁枋的装饰沿袭着木牌坊的装饰布局，用石雕代替彩画，按照彩画的样式刻出纹饰。通过高浮雕、透雕等石刻技艺表现的双龙戏珠、双狮戏球、麒麟献瑞、吉象如意、一鹭莲科、八仙祥瑞、爵禄封侯（喜鹊、鹿、蜜蜂、猴子）、连升三级（莲花、三戟）、喜报三元（喜鹊、桂圆）等吉祥图案，分布在梁枋中的纹饰主题丰富，繁简交错。石牌坊底部夹杆石为牌坊重要组成部分，加之多处位置离行人视角最近，所以牌坊夹杆石同样进行雕刻装饰。牌坊四根立柱夹杆石以抱鼓石为造型，四周以浅浮雕表现云纹、卷草纹等装饰纹样。

图3-40　广西现存体量最大、工艺最精的石牌坊，不同石雕工艺分饰其间，繁复华丽，犹如一座石雕博物馆

蟠龙纹

龙鱼纹　　　凤凰纹

八仙祥瑞

"孝义可风"及人物、缠枝纹

连升三级（莲花、三戟）　　喜报三元（喜鹊、桂圆）

吉象　　　雄狮

万字卷草纹边框

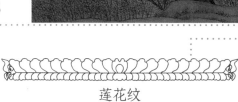

莲花纹

三层宝塔
顶层阴刻
"欲穷千里
更上一层"

龙鱼纹

几何纹

植物纹　植物纹

爵禄封侯（喜鹊、鹿、蜜蜂、猴子）

双龙戏珠

麒麟献瑞

双狮戏球

卷云纹

缠枝纹边框

图3-41　月岭石牌坊南面雕刻纹饰

6.桂林兴安县漠川榜上村

"二十日，溯江而西……入兴安界……又十里，至兴安万里桥。桥下水绕北城西去……即灵渠也……二十一日，从庵东逾小山，南一里，东逼状元峰之麓……则状元峰之南，有一峰片插，日小金峰，亚于状元，而峭削过之。盖状元高而尖园，此峰薄而嶙峋，故有大、小之称……余从庵后登溪垅，直东而上二里，抵状元，翠微之间，山削草合，蛇路伏深莽中，渐转东北三里直上其东北岭坳，望见其东大山层叠，其下溪盘欲阙，即为麻川。"1638年春天，已年过半百的明代旅行家徐霞客经过多天的水路，来到一个叫"麻川"的地方，并将他的所见所闻记录在他的《粤西游日记》中。文中所提及的"麻川"便是今天的兴安漠川乡。

漠川乡地处广西桂林市兴安县城东南面，乡政府所在地是榜上村。榜上村中有棵1800多年的古樟树，根据树旁矗立的《榜上村碑记》记述，榜上村最早叫莲花村。明朝洪武八年（1375年），有一位叫陈俊的湖北黄冈青年人随靖江王朱守谦南下桂林，因其护驾有功，被封为四品参将，并奉命驻守湘桂咽喉要道漠川，扎营莲花村。解甲归田后的陈俊已把驻地当作自己的家，从此在这里繁衍子孙，终老一生。

漠川作为湘桂古道商贸集散中心，地理位置优势，加之榜上村先祖历来重视教育，到清嘉庆年间出了一位经商能人——陈克昌，他通过做茶叶、土纸、桐油等生意，成为富甲一方的大商人。富裕后的陈克昌开始购置田地，修建豪宅，光宗耀祖。经过20年的精心规划，建造出规模达30余座的家族住宅群。

如今榜上村老建筑多为当时陈克昌家族所建。村中建筑均为青砖灰瓦、砖木结构的硬山式二层房屋，马头墙与人字山墙交相呼应。建筑与建筑院院相通，户户相连。建筑装饰主要围绕天井的四周进行，两侧厢房隔扇装饰集中在格心与绦环板，绦环板上多采用浮雕的形式表现吉祥动物与植物。每块绦环板内容各不相同，在题材上有寓意喜上眉梢的喜鹊、梅花，有寓意万物欢欣的牡丹、凤凰，也有寓意福满寿长的青松、梅花鹿。这些题材虽然各不相同，但在同一平面隔扇上，统一采用了中心对称的构图形式，将植物置于画面中心位置，动物分立左、右两侧，两两相望。这些装饰通过工匠的巧妙构思，让每一张隔扇既统一又富有变化。

村中有一民宅，二楼处有一圆形木窗，圆内以象征连绵不断的万字纹对空间进行分割，空白间隙处以蝙蝠、瓜果、花瓣形进行点缀装饰。常见的木窗多为直线形，利用木材直线便于切割加工的特点。而此圆窗却大量使用曲线来进行表现，足见当时漠川地区工匠高超的技艺，也是屋主人展现家庭富贵最直观的表达。

图3-42　绦环板上的题材虽然各不相同，但在同一平面隔扇上，统一采
用了中心对称的构图形式，将植物置于画面中心位置，动物分立左、右
两侧，两两相望

图3-43　木质圆窗需要使用曲线来进行表现，这足见当时漠川地区工匠
高超的技艺，也是屋主人展现家庭富贵最直观的表达

图3-44　榜上村的建筑装饰主要围绕天井的四周进行，两侧厢房隔扇装饰集中在格心与
绦环板，绦环板上多采用浮雕的形式表现吉祥动物与植物

7.桂林灵川县江头村

江头村位于桂林市约30千米的灵川县青狮潭镇。距离青狮潭镇上不远处有片密林，当穿过密林，便可见沿着溪流一致排开的江头村古建筑群。江头村占地约900亩，现居住有180户800多人，90%为周姓。根据灵川县民国十八年（1929年）县志记载，江头村周氏家族祖籍在湖南道州府营道县，先祖周秀旺是北宋著名哲学家、理学创始人周敦颐的第十四代裔孙，在明洪武戊申年（即洪武元年，1368年）从湖南迁入此地并开始营建。江头村现存明清至民国时期古建筑百余座，由北向南依次排列，每座宅院左右相邻，上屋下屋相互连通。抬头仰望，马头形、镬耳形山墙交错呈现，墙脊上花草形、祥兽形、波浪形灰塑装饰点缀其间。

作为周敦颐的后代，江头村村民在理学思想的熏陶之下，一直保持崇尚读书、尊师重教的优良传统。他们办义学、设私塾，教导子孙。据统计，自明末以来，江头村周姓共出秀才170人、举人25人、进士8人、庶吉士7人，通过科举做官的有163人，其中七品以上的官员达34人。他们大多为官清廉、乐善好施，在《灵川县志》中曾有这样的记载："周氏系出濂溪德盛者，泽弥长宜发之伟乎。"这些周氏族人在外为官，年老回归故里后，通过广建房屋、立牌坊、修祠堂、办学堂，将严谨治学、清高廉洁的风气不断延续，以佑启后人。穿梭在古巷之中，宅院门额悬挂的文魁、解元、贡士、进士、翰林、五代知县、知州、奉政大夫、朝议大夫、中宪大夫、通议大夫、通奉大夫、荣禄大夫、监生等木匾，无声诉说着这里曾经居住的人家身世的显赫。屋内的梁枋、檐板、扇门、窗棂之上，工匠精心雕刻的龙凤、麒麟、蝙蝠、雀鸟等动物形象生动而活泼，莲花、芙蓉花、石榴花、松树等植物造型枝繁叶茂、枝叶扶疏。

图3-45　在一条条里巷中，每座宅院左右相邻，上屋下屋相互连通

图3-46　在中宪大夫宅院的三关六扇门棂子以及漏窗上，工匠精心雕刻各式吉祥花卉、动物

蝙蝠纹

缠枝纹

鹿、鸟、梅花纹

青松、鸟纹

图3-47 格扇格心、绦环板上的雕刻纹饰

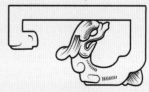

夔龙纹

花鸟纹

周敦颐在《爱莲说》中对莲花的敬仰之情溢于言表，莲花高洁端正，出淤泥而不染的莲花文化深深影响着江头村世代子民，他们皆追求"真诚、和谐、积德、行善、奉献"的莲花般高洁人格。村中建筑最具特色的便是位于村头南部的爱莲家祠，家祠占地1200平方米，始建于清光绪八年（1882年），完工于清光绪十四年（1888年），由当时的周氏族人自筹资金，家族族长周永主持建造。家祠为村中最重要的建筑，不仅是村中规模最大的建筑，装饰也是最为精彩的。在为期6年的建造时间里，先后建成了风雨亭、大门楼、兴宗阁、文渊楼、歇憩亭、祭祀殿，随着时光的流转，保留下来的仅有大门楼、兴宗阁、文渊楼以及两侧的厢房。

家祠门额悬挂由檀香木制成"爱莲家祠"的匾额。大门左、右立有一对圆鼓形门枕石，为灵川县潭下镇源口村石雕艺人阳新文于2011年根据村中老人口述回忆复刻而成。圆鼓形象逼真，鼓皮钉在圆鼓上的一个个钉子头清晰可见，鼓肚上浅浮雕雕刻凤鸟、太极等吉祥图案。石鼓由趴伏幼狮托立，幼狮表情顽皮可爱，神态丰富，身上纹饰简约，但富有装饰性。关于狮子造型的来源，据阳新文描述，是在60多年前石鼓被敲毁时，一村民见其可惜，偷偷将敲落的狮子头抱回家并保存至今日。这对圆鼓形门枕石石料采用江头村后山中开采的血筋石，血筋石是矿物渗入石缝中形成并呈现粉红色的石头。血筋石中的红色经络被认为是祥瑞之色，因此被当地人用于重要建筑门堂的构件装饰。同样使用血筋石的还有立柱下的石柱础，为家祠原构建，造型均为基座加圆鼓形。柱础圆鼓形保存完整，但基座八面浮雕已损毁，依稀可辨应为羊、马、鸿雁等动物形以及蔓草、水波等装饰纹样。

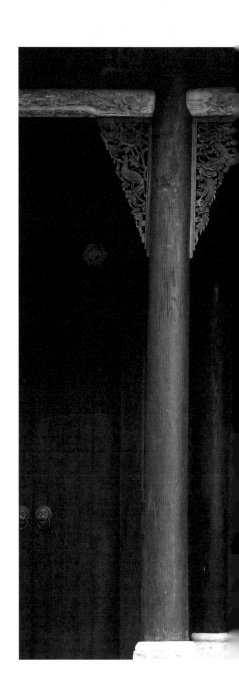

图3-48　爱莲家祠入口装饰

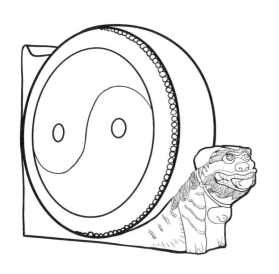

爱莲家祠窗户多采用槛窗、支摘窗、直棂窗等样式，但最富特色的是兴宗阁的文字窗，窗户装饰一反传统的图案装饰风格，以篆体为结构，以家训为思想，根据木条的特性制作出"慎言、敏事、循理、遏制、亲、贤、老、幼"等变形文字窗花。这使窗棂不仅具有通风、采光的使用功能，同时体现江头村昌盛的文风。

图3-49 爱莲家祠入口抱鼓石由当地石雕艺人阳新文依样复原

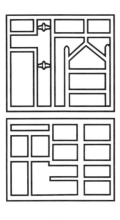

循理

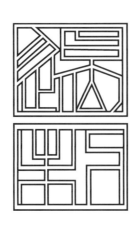

遏制

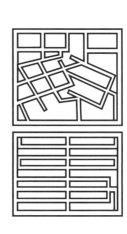

敏事

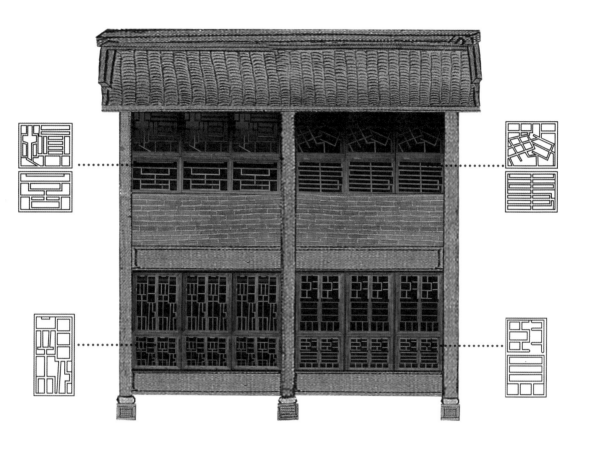

图3-50　兴宗阁独具特色的家训文字窗户装饰

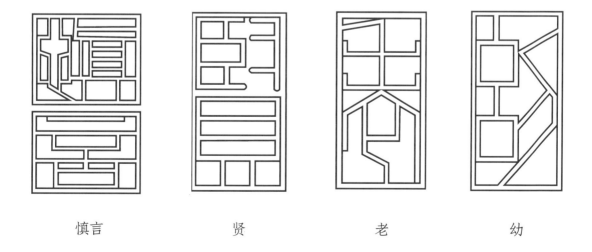

慎言　　　　　　贤　　　　　　老　　　　　　幼

8.桂林阳朔县旧县村

旧县村原名仙桂村，隶属于阳朔县白沙镇。旧县建村已经有1400年的历史，唐武德四年至贞观元年（621—627年）曾在此设归义县，为阳朔旧县城所在地，为了纪念这段历史，后人将村子改名为旧县。旧县现存古民居建筑以清代为主，建筑群与桂北地区普遍低矮的古民居相比高大许多。整齐划一的青砖立面，高耸的山墙，昭示着旧县曾经的繁荣。

旧县绝大多数人为黎姓，是明万历三十七年（1609年）由湖南迁居至此。村中心有一黎氏宗祠，于1938年重建。黎氏宗祠为硬山顶，三开二进式，祠堂的正脊从布局与造型上看，借鉴了广府系建筑装饰的做法，由灰塑装饰的脊额与夔龙造型的脊耳结构组成，正脊中心则保留湘赣系建筑屋脊中的灰塑钱纹样式，与两侧基座上憨态可掬的狮子遥相呼应。屋顶檩条之下的封檐板雕刻常出现在广府系建筑中，在传统湘赣系建筑装饰中并不多见。但从装饰风格上看，黎氏宗祠的封檐板雕刻比广府系装饰雕刻处理略显简单。

图3-51　整齐划一的青砖立面，高耸的山墙，昭示着旧县曾经的繁荣

图3-52　黎氏宗祠虽在建筑形制上仍保留传统湘赣系风格，但在局部的装饰上开始借鉴广府系建筑装饰表现形式

　　黎氏宗祠檐枋下有三块尺寸相当的镂空雕花板，中间花板雕刻一右手持宝剑，左手持彩带，脚踏龙头的伏龙罗汉。左、右两块花板内容相同，将龙吐宝珠、麒麟下凡、连年有鱼题材综合雕刻在一起。连绵不断的镂雕云纹使三块花板形成了视觉上的统一。横梁的双龙戏珠与花板的龙形相配合，在龙的处理上，集合了圆雕、深浮雕、浅浮雕与线雕多种技法，体现当时工匠并不止掌握某一种手艺，且具有极高的艺术表现能力。

图3-53　在花板与梁的装饰上集合了透雕、圆雕、深浮雕、浅浮雕与线雕等多种雕刻技法，造型立体感强，形象生动

图3-54　在黎氏宗祠檐梁处，工匠运用深浮雕的技法描绘雀鸟在牡丹花枝丛中嬉戏的场景，枝叶层层叠叠。通过晕染的色彩表现，使木雕装饰更显立体与华丽

　　宗祠檐廊是进入建筑后最先看到的部位，也是宗祠的重要装饰之处。在功能上，檐廊支撑屋顶和檐口是避雨遮阳的重要空间。在装饰上，对檐廊的艺术加工承担着彰显家族等级、审美、教化的功能。檐廊轩棚弯曲，犹如船篷顶，被称为"船篷轩"。船篷轩下的檐梁装饰采用深浮雕的雕刻技艺进行表现，工匠巧妙地通过类似国画晕染的技法对雕刻内容进行色彩描绘，这样的处理有别于桂北湘赣系建筑中常见的浅浮雕素色木雕表现，不仅增强了装饰内容的立体感，也体现了黎氏家族的显赫。

　　旧县村中心尚存两对旗杆石，石坊上刻有"光绪甲午科乡试中式第十三名""举人黎启动丁酉仲春月吉日"字样，记载着黎启动中榜的喜讯。黎启动，字碧峰，生于1853年，曾任湖南湘乡县长、盐局督办、阳朔县长等职，为人正直，热衷教育。旗杆石使用整块青石雕刻而成，向外一面通体进行装饰，雕刻刀法苍劲有力。四块石板主体部分均雕刻象征飞黄腾达的鲤鱼跃龙门形象，但每块石板画面都略有不同。

图3-55　旧县村旗杆石主体部分雕刻象征飞黄腾达的鲤鱼跃龙门形象，雕刻刀法苍劲有力

9.桂林恭城瑶族自治县湖南会馆

　　恭城，位于湖南与广西交界处，自古吸
引着湖南籍商人到此经商。为便于湘商联络
感情、联谊聚会，清朝同治十一年（1872
年），由当时的"三湘同乡会"倡议集资兴建
湖南会馆。湖南会馆现位于恭城瑶族自治县县
城的东北部太和街，由门楼、戏台、前殿、
天井、后殿及厢房组成，占地面积1847平方
米，其中建筑面积1420平方米。

　　湖南会馆的门楼和戏台是建筑装饰集中
体现的地方。湖南会馆的门楼和戏台的结构
设计十分奇特，它们互为前后，是同一座建
筑的两面，临街一面为门楼，戏台在门楼
之后。虽然恭城湖南会馆由湖南商人投资兴
建，但由于其特殊的地理位置，来自湘赣、
广府与本土瑶族的建筑营建技术与装饰文化
在这里进行碰撞与融合，从而形成一套丰富
的建筑装饰"语言"。

图3-56　虽然恭城湖南会馆由湖南商人投资兴建，但由于其特殊的地理位置，来自湘赣、广府与本土瑶族的建筑营建技术与装饰文化在这里进行碰撞与融合，从而形成一套丰富的建筑装饰"语言"

　　湖南会馆门楼墙体巧妙地将马头墙与广府镬耳墙结合在一起，极具夸张感的卷草形翘檐，使建筑拥有一种向上的生命力。在门楼二层屋顶装饰上，湘赣建筑中的灰塑葫芦造型与广府的鳌鱼、吞兽造型将正脊装饰得华丽而不失稳重。工匠在封檐板与雀替上雕刻戏剧人物、吉祥动植物图案，并施以典雅的淡彩。就这样，一块块普通的木制构件在工匠的手中变成光彩夺目的装饰艺术品。

　　湖南会馆立柱有石刻对联一副："客馆可停骖七溪三湘允矣同联梓里，仙都堪得地千秋百世遐哉共镇茶城。""茶城"即恭城旧时的县名，崇山峻岭的恭城生长着许多野山茶树，所以恭城人自古就有饮茶的习惯，更是创造了闻名中外的"恭城油茶"文化。湖南会馆门楼的石柱础无论从体量上还是从装饰表现上在广西湘赣系建筑中均属罕见，由整块石料制作而成，高度近80厘米，有基座、圆鼓，圆鼓上雕刻祥鹿、麒麟、雀鸟、暗八仙等吉祥纹饰。

　　湖南会馆的戏台藻井装饰也十分具有代表性。戏台台顶正中装饰为八角形藻井，八面桁条呈放射状。藻井正中有一个蟠龙木雕装饰，龙除了具有吉祥寓意，还有着抑制火的象征意义。龙形适形地安放在顶部八角形面板上，虽然工匠未将龙身完整地制作出来，但龙形与面板搭配在一起，犹如猛龙穿过云海，俯瞰众生。

图3-57　湖南会馆门楼的石柱础无论体量还是装饰表现在广西湘赣系建筑中均属罕见

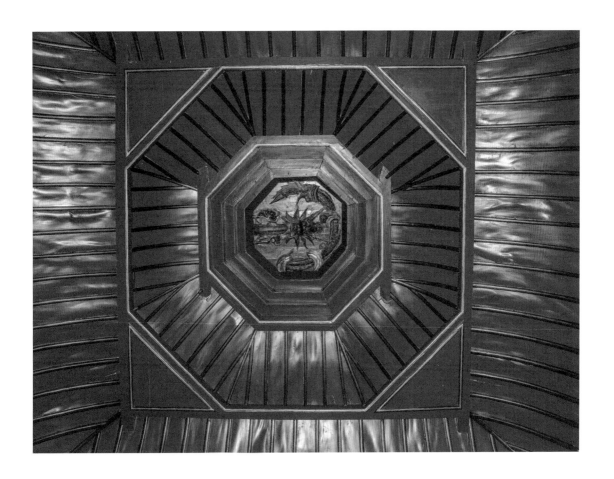

图3-58　湖南会馆戏台台顶正中装饰为八角形藻井，八面桁条呈放射状。藻井正中有一个蟠龙木雕装饰

10.贺州钟山县龙道村

南岭萌渚岭下的钟山县，是"潇贺古道"的重要门户，也是湖南潇水与广西贺江相连的重要通道。秦汉时期，当地居民便受到来自中原汉文化的影响，进行农作物生产，逐渐成为富庶之地。

位于贺州市钟山县回龙镇东面的龙道村，其龙道二字据传取谐音"龙到"之意。还有另一说法是在村子附近，有一条往羊头、八步镇的小路从龙脊岭通过，当地人便将此路称为"龙道"。龙道村依山而建，背靠龙脊岭，龙潭河从村前流过。据史料记载，龙道村建于明代，目前所见村子是在清咸丰年间形成规模的。当时的清朝逐渐走向衰落，社会动荡不安，为防止地方贼寇的骚扰与抢劫，整个龙道村宛如一座坚固的城堡，村子以鱼塘为壕沟，通道口建有闸门，沿塘边统一修筑坚固的屋墙，村中心有炮楼进行防御。

龙道村自古是一座崇文尚书的村庄。村民知道使用武力只能保护村子短暂的安全，只有建立知书明理、读书重教的诗礼家风才是维持村子长治久安的根本。因此，

村民在建造房屋时，刻意在民居每一座正门石门框上镌刻正楷对联。每户对联的内容各不相同，"钦明门第流芳远，乐读家声衍庆长""前堂永日同稽古，后进文风叠胜先""门前五村家声古，户外可梅气色新""坐镇龙山凝瑞气，门临池水焕人文""奎壁联辉云路徽、芝兰竞艳德门新"等，这些石刻对联多表达村民励志读书、光宗耀祖的美好意愿。字体雕刻以正楷为主，部分以行书表现。字体端庄，笔力雄健，阴刻、阳刻自由呈现，对联顶部饰以蝴蝶、蝙蝠、鳌鱼、葫芦等造型，底部以花草呼应。石横额处以浅浮雕卷龙纹、卷草纹、八卦图等代替横批，雕刻线条自然流畅。

图3-59　龙道村以鱼塘为壕沟，大巷连着小巷，户户相连相通，从村前到村后，不用出屋即可通达，整个村子宛如一座坚固的城堡

位于龙道村中心的明经楼，大门装饰独特。门头以灰塑塑造远山、青松、祥鹿，表达屋主人期盼福禄寿喜之意，两侧饰以黑底繁花。门额为篆书阳刻"明经楼"三个大字，字体端庄浑厚，浅浮雕夔龙纹与卷草纹相间组合进行边框装饰。门额左右两侧为手持笏板、举杯对饮的朝廷官员像。人像下方各有一只倒立欲降的蝙蝠。门联阴刻楷书"门对西山多爽气，人瞻北阙下彤云"，内容妙对唐代诗人宋之问的"北阙彤云掩曙霞，东风吹雪无山家"。

图3-60 雕工出众的精美装饰使冰冷的石质门框富有律动感与生命力

二、广府系传统建筑装饰

受地理与历史等因素的影响，自秦汉开始，来自北方中原地区的移民开始通过灵渠越过五岭，来到岭南地区。他们与当地的古越族生活与融合，逐渐形成以粤语为母语的汉族民系。因此，广府系本身自带古越族的遗传基因，又受到中原汉文化哺育。同时，岭南地区地理上南面大海，从汉代开始就与海外有持续不断的交流，在成长中不自觉受到外来文化影响。形式多样、内容丰富成为广府建筑装饰文化显著的特征。

广西是广府人的先民早期重要的定居点，但到了唐代，随着大庾岭道的开通，中原进入岭南的通道东移，中原文化对岭南地区的影响体现在以珠江三角洲为中心的广东地区。

从明清时期开始，有着强烈经商意识的广东人沿西江逆流而上进入广西进行经济开发。西江流经之处，只要舟船可到达，便可看到他们的足迹。这些粤人不仅定居广西，开垦荒地，同时在当地设粤东（广东）会馆与书院，把广东的语言、生活习俗等带入广西。经过长期的交流融合，广西本土建筑文化在潜移默化中受到影响。郁江、浔江、桂江流域的主要城市如梧州、玉林、南宁、贺州、桂林、柳州、来宾、百色、钦州等深受广府建筑文化影响，留下许多广府系建筑与装饰。如地处右江上游的百色地区，至今仍保留着完整的骑楼街道与会馆，可见广府建筑文化在广西西江流域的影响力。

图3-61　位于右江上游的百色解放街仍保留着完整的广府骑楼式建筑

广西广府系建筑形制主要有位于街道两旁商住两用的骑楼式建筑，如梧州河东老城区骑楼城、北海珠海路骑楼街、百色解放街骑楼街以及钦州中山路骑楼街等。在民居上常见的是粤中特色的"三间两廊"式建筑。"三间"是指明间的厅堂和两侧次间的居室，"两廊"是指两侧的厢房。但由于广西土地资源丰沛，人口密度较小，人均占有的自然资源与广府中心地区相比相对较多，因此，广西单体的"三间两廊"式规模就能做得更大，如玉林高山村、北流萝村、灵山大芦村、钦州刘永福故居等。

图3-62 灵山苏村"三间两廊"式民居井然有序地排列在一起

（一）广府系传统建筑装饰特征

1.墙体

（1）山墙

在广西传统建筑中，作为广府系建筑符号的镬耳式山墙较为常见。"镬"是一种古代煮牲肉的大型烹饪铜器，穹形的山墙就犹如"镬"上的两只耳朵，因此得名"镬耳墙"。房子对中国人来说有着特殊的意义，但用一口锅的形象来命名房屋的山墙，多少有些不妥。于是，人们巧妙地将镬耳与官帽的两耳造型联系在了一起，因此，镬耳墙又有轻巧之感，檐下沿山墙起伏进行灰塑装饰，图案常见卷草、夔龙等纹样。

广西广府系建筑还有一种常见山墙便是人字山墙。山墙上部呈三角形，从前檐斜直线到正脊，再由正脊斜直线到后檐，侧门呈"人"字形而得名。人字山墙相比镬耳墙体量明显小许多，在普通民居住宅中较为常见。与湘赣系人字山墙不同的是，广府系人字山墙装饰主要由砖砌板线包围而成的空间板肚组成，板肚内常以蝙蝠、卷草等图案进行灰塑装饰。为消除人字山墙顶上锐利的尖角，工匠常会在尖角处再次使用灰塑方式制作曲线画卷进行缓解。

图3-63　穹形的山墙就犹如"镬"上的两只耳朵，因此得名"镬耳墙"

图3-64　人字山墙装饰主要由砖砌板线包围而成的空间板肚组成

图3-65　为消除人字山墙顶上锐利的尖角，工匠常会在尖角处再次使用灰塑方式制作曲线画卷进行缓解

板线

板肚

板线

（2）墀头

　　墀头装饰广泛应用于广府系民居、祠堂和庙宇等传统建筑正立面两侧中，由墀头顶、过渡层、墀头身与墀头座四部分组成。工匠多采用砖雕的形式进行表现，有时工匠也会使用陶塑的装饰技艺制作墀头身。墀头身是主要观赏部位，在装饰上常使用深浮雕与透雕的方式雕刻戏曲故事，墀头顶、墀头座与过渡层则以植物花草、团花、博古器物进行点缀。

图3-66　墀头装饰由墀头顶、过渡层、墀头身与墀头座四部分组成，工匠多采用砖雕的形式进行表现

墀头顶

过渡层

墀头身

墀头座

画心

画心的窗格由单一砖制构件以
四方连续的方式重复搭接而成　→　

图3-67　窗花整体由窗格与边框构成

························· 边框

边框由一块块浮雕砖面分节组成

（3）窗花

广西广府地区窗花较多为砖制窗花。复杂的窗花装饰通常应用于重要的空间。在钦州苏村有一座建于清康熙四十五年（1706年）的司训第，左、右两侧有一对特殊的窗花，窗花整体由窗格与边框构成，窗格由单一砖制构件以四方连续的方式重复搭接而成，边框由一块块浮雕砖面分节组成，浮雕内容题材丰富，有卷草龙形、双钱结形、植物形、书卷形等。

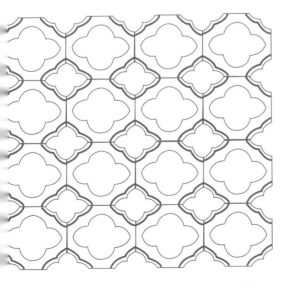

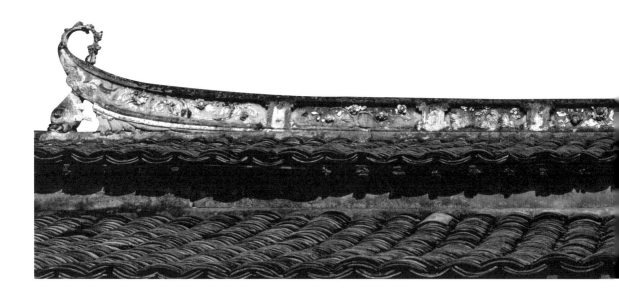

2.屋面

屋面是广西广府系传统建筑中重要的装饰和展示部位。屋面
装饰纹样主要集中在屋脊、搏风带、山墙顶部这三处。在制作工
艺材料上，主要使用防水性能较好的灰塑与陶塑。

（1）屋顶正脊

广西的发展离不开水。明清时期，广西依靠发达的西江水网
系统以及临海的区域优势，当地经济与文化得到快速发展。因
此，广西广府系建筑的屋顶正脊在装饰上表现出浓厚的舟船元素
和水文化特征，常见的形式有龙船脊与博古脊两种，造型十分醒
目和通透，多采用瓦片、灰塑、陶塑、琉璃等材料制成。运用灰
塑与陶塑营建出来的正脊脊饰不仅能压住瓦片以防止屋顶被大风
掀走，还能掩盖屋顶原本笨重的正脊，起到装饰作用。

图3-68　龙船脊运用灰塑表现花草植物，左、右两端弯曲上翘，将
　　　　观者视线引向天空

　　龙船脊两端翘起，看起来犹如龙舟。人们将龙船作为崇拜和祈愿的对象，便把屋脊做成船的形状，以表达对生活美好的祝愿。龙船脊相对博古脊低矮许多，细长的脊身分出许多大小不一的画面，中间段常为主画，以动植物如麒麟、狮子、仙鹤、凤鸟、松树、鲤鱼、牡丹等表现吉祥的题材。正脊两侧常以花篮、花瓶等为主要内容。

　　博古脊，以直角弯曲的方形做组合，与夔龙纹形象相似。夔，神话中形似龙的兽，夔龙纹来自商周时期的青铜器，工匠经过简化与抽象后，将夔的头与身概括为回纹状，以符合装饰的需要。博古形与夔龙形不同之处在于夔龙形上的眼睛、头、尾被简化，因此博古脊常由砖砌成镂空夔龙形，反映了人们对水神的敬畏，以及对龙的图腾崇拜。博古脊常与灰塑、陶塑结合在起来，装饰精美，耐人寻味，是广西广府系建筑较为突出的装饰部件之一。

脊耳　　脊眼　　　　　　　　　　　　　　　　　　　　　　脊

宝珠脊刹
（陶塑）

鳌鱼
（陶塑）

麒麟吐瑞
（陶塑）

生产店号
（陶塑）

云龙
（陶塑）

夔龙纹
（灰塑）

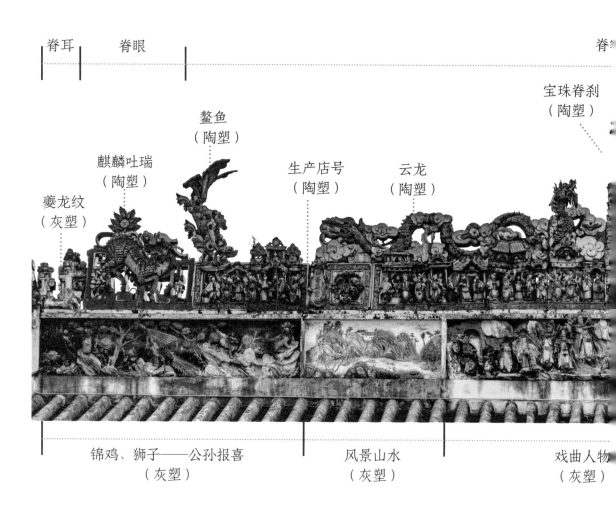

锦鸡、狮子——公孙报喜
（灰塑）

风景山水
（灰塑）

戏曲人物
（灰塑）

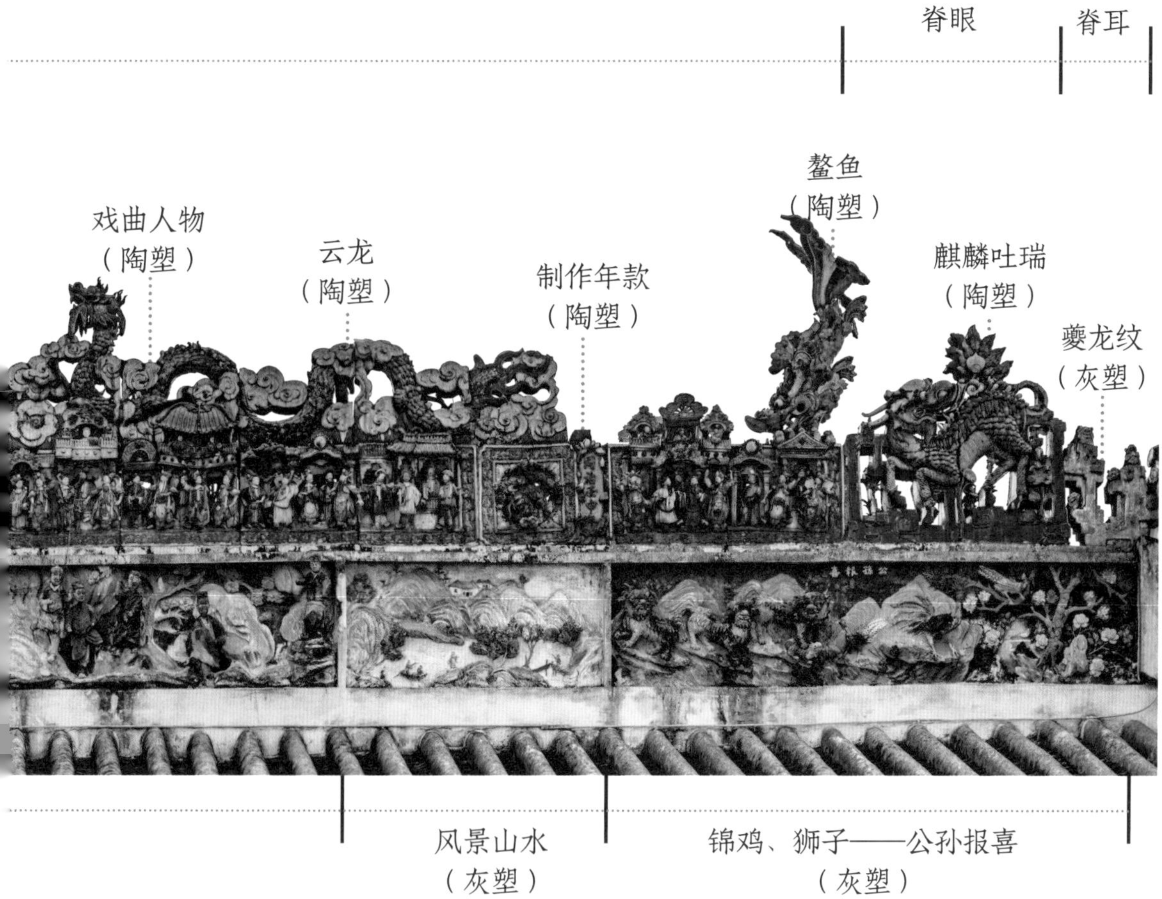

脊眼　脊耳

鳌鱼
（陶塑）

戏曲人物
（陶塑）

云龙
（陶塑）

麒麟吐瑞
（陶塑）

制作年款
（陶塑）

夔龙纹
（灰塑）

风景山水
（灰塑）

锦鸡、狮子——公孙报喜
（灰塑）

图3-69　博古脊装饰繁复而华丽，选用可塑性强、防水性好的陶塑做顶部装饰，下部搭配灰塑浮雕，表现万物勃勃生机

（2）垂脊

广西广府系建筑的垂脊，相对正脊而言内
容简单，主要通过灰塑工艺表现草龙纹、夔龙
纹、卷草纹等装饰纹样，运用浮雕技艺呈现。
白色的灰塑造型在黑底的衬托下，装饰形式强
烈。还有一部分垂脊脊头运用砖砌博古形，并
抹上灰浆，再用灰塑塑几何线条，简洁朴素，
与繁复的正脊形成虚实对比。

（3）山花

在人的心理层面，尖锐的角会产生不适，
工匠常会通过一些装饰进行化解。因此，在广
西广府系建筑中，作为建筑重要装饰部位之一
的山花会用灰塑进行装饰，在一定程度上还起
着防潮、防虫的作用。

图3-70　白色浅浮雕卷草纹造型优美，形态生动，在黑底衬
托下，更显雅致

图3-71　山花不仅装饰尊贵华丽，还有防潮与防虫的作用

3.构架

广西广府系建筑以抬梁式为主。构架，在建筑里就犹如人身体里的骨骼，起着构建和支撑的作用。这些构件在建筑中不仅具有重要的实用功能，同时其裸露的结构成为屋主人表达生活趣味与美好愿望的重要载体，关系到使用者今后是否兴旺发达。俗话说："房顶有梁，家中有粮；房顶无梁，六畜不旺。"广府构架装饰的主要工艺为木雕、石雕，其中，木雕在装饰中占据主导地位，一般工匠只在表面施以浮雕装饰。但由于广西大部分地区多雨潮湿，有着良好的防潮性和耐久性的石材自然成为木材最好的替代品。如广西各地的粤东会馆，工匠广泛使用石材制作大门梁柱。

在广西广府系传统建筑中，梁架多以上短下长的三梁相叠式为主。梁与梁的四周以动物、花卉、人物进行满构图装饰，承担起整个屋顶重量的同时又营造了厚重感，给人以琳琅满目的视觉体验。

广西广府系的梁架装饰种类繁多，多见有博古梁架、柁墩斗栱梁架、瓜柱梁架和异形梁架。

花卉

夔龙纹

图3-72　博古梁架以博古形做骨架，将多层的梁枋与柁墩整合为一体，屋顶的檩木直接落在博古梁架上。在博古形空间中，工匠会叠加夔龙纹、雀鸟、花卉等图案，在镂空的间隙处继续以岭南瓜果进行填充。雕刻上施以彩绘、金漆，更显华美

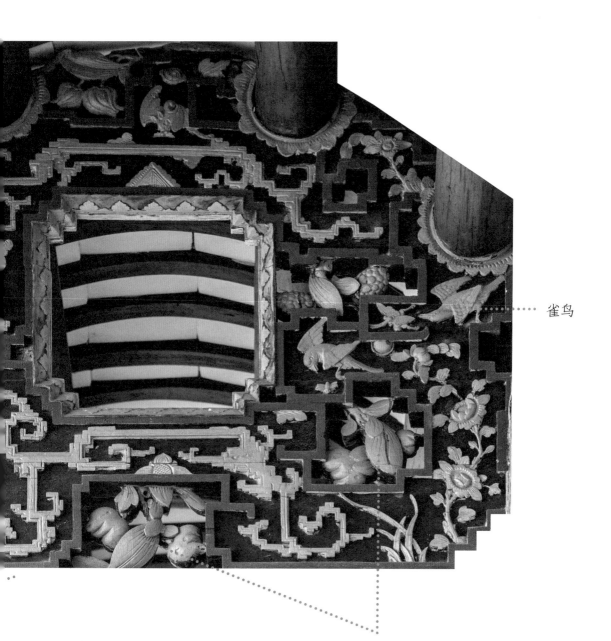

雀鸟

岭南瓜果

斗栱

水束

梁头

柁墩

图3-73 柁墩斗栱梁架主要用
于会馆、宗祠这类重要公共场
所。一组组历史戏剧人物故事
既可独立成章，又相互呼应，
精雕细琢，疏密有致，动静相
宜。有些柁墩斗栱梁架还会贴
以金箔，显得金光璀璨，华美
万方

梁身

雀替

梁头　　　　　　　　　　　　瓜柱　　　　　　梁

图3-74　瓜柱梁架造型简洁明快，除梁头进行简单拐子龙雕刻外，无过多装饰，纤巧秀美

鳌鱼

卷云

瓜果

画心——渔樵对答

图3-75　异形梁架为自由构成图式，与博古架相似，由整板构成。梁架常将动物、植物与人物等图案融入整幅画面，场景热闹，人物、动物形态生动

.... 花卉

.... 龙头

.... 夔龙纹

狮子

4.壁画

　　壁画主要位于建筑头楼、连廊、厅堂的墙头处。地处亚热带的广西"地湿而物易腐"，屋面与墙体交接的墙面部分最易受潮。画于此的壁画，不只是单纯为了装饰美化，其颜料底下还刷有一层灰浆，起到吸湿防潮、加固墙体的作用。

　　广西广府系建筑壁画常以工笔彩绘和黑白水墨表现为主。水墨壁画常见表现卷龙纹、卷草纹、吉祥花卉、瓜果等，白色图案在黑底之上一致排开，呈现一种图式化。

　　门楼与厅堂壁画则多为彩绘。彩绘壁画构图和配色多借鉴中国传统卷轴画的画心以及织锦纹样，构图上以建筑的中轴线左右对称布局，位置相对应的画和文字数相当，内容相似，寓意相关，表达的形式整齐和谐，使建筑的立面呈现出丰富多彩的层次。彩绘画心的题材有表现曲水流觞、白鹅换经、嵇琴阮箫、携柑送酒、东坡赏荔的人物故事，也有王子晋登仙、三多吉庆、叱石成羊的神话传说，或是五桂连芳、英雄会、四相图等戏剧类故事。花鸟类壁画主要通过寓意"高官"的高冠鸟、寓意福寿双全的绶带鸟、寓意长寿的白头翁表示高升喜庆，也有通过梅、兰、竹、菊来体现屋主人的文人意趣。

图3-76　极富装饰性的白色图案在黑底之上一致排开，呈现一种图式化

图3-77　彩绘壁画构图和配色多借鉴中国传统卷轴画，由画心、隔水与边框组成

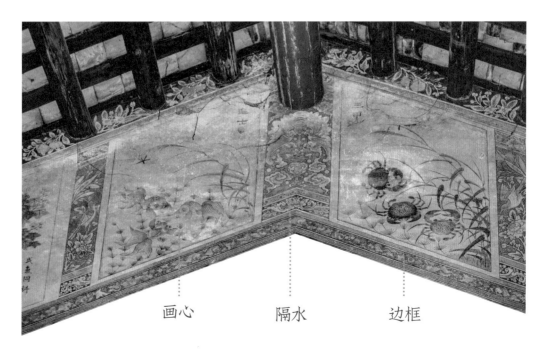

画心　　　隔水　　　边框

5.其他

（1）隔扇

隔扇在传统建筑中有着分隔空间、通风采光的作用。在板面组成上，隔扇多由眉板、格心、绦环板和裙板四部分组成，其中眉板、绦环板、裙板多为浅浮雕装饰。而格心是重点装饰部位，装饰多为镂空雕刻，题材有蝙蝠、花篮、如意结等吉祥图案。与湘赣系建筑内格扇装饰有所不同的是，广府系格扇雕刻更为活泼灵动，题材多样，工匠还会根据画面需要，对装饰局部施以色彩。

图3-78 隔扇多由眉板、格心、绦环板和裙板四部分组成，起到装饰作用的同时不失通风与采光的功能

（2）封檐板

封檐板，又称花板或挂檐板，大多悬挂于屋檐下，与梁枋同长，呈横向长条状。封檐板能保护屋顶檩条顶端免受日晒雨淋的侵蚀，还能对木板进行雕刻美化，起到装饰的作用。封檐板多采用当地木材，如樟木、水曲柳等，采用浅浮雕与镂透结合的雕刻手法制作而成，雕刻精致细腻，雕刻题材多为吉祥花鸟、岭南瓜果、博古纹样等。封檐板底色以木质本色为主，局部涂对比强烈的色彩突出主体。

图3-79 封檐板雕刻题材多为吉祥花鸟、岭南瓜果、博古纹样等，雕刻精美华丽，构图均衡对称

眉板

格心

绦环板

裙板

（3）柱础

广西广府系早期建筑的柱础同样以红砂
岩、粗面岩材质为主，而且大多仅装饰有莲瓣
纹，如宝莲花、铺地莲花、仰覆莲花等形态。
明清时期，随着雕刻工具的改良与雕刻技艺的
成熟，在许多广府系传统建筑上能见到与湘赣
系相似的复合式柱础身影，柱础座表面较多使
用夔龙纹、卷草纹、如意云纹、瓣状云纹等图
案，值得注意的是还大量出现了水瓶形与束腰
形柱础样式。

（4）叠涩

叠涩是在建筑中通过砖石层层堆叠向外挑
出或收进，上下错开排列的形式组织画面，这
不仅能起到承托上层结构的作用，还富有韵律
感和节奏感。在广西南部地区的广府系建筑
中，还见有一种类似花瓣形的叠涩装饰，工匠
将长形条砖的一头砍磨成尖头状，再用草筋灰
与纸筋灰塑花瓣形纹样，重复延续的花瓣寄托
着屋主人追求幸福延绵不绝的美好愿望。

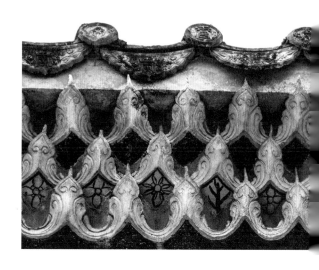

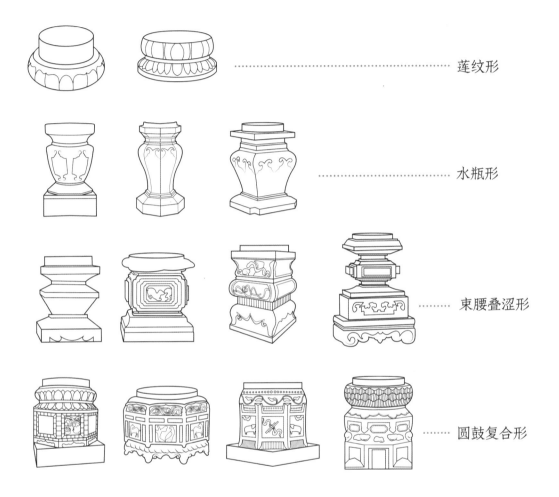

莲纹形

水瓶形

束腰叠涩形

圆鼓复合形

图3-80　广西广府系传统建
筑上常见的四种柱础形制

图3-81　富有韵律感和节奏
感的花瓣形叠涩装饰

（二）广府系传统建筑装饰实例

1.玉林高山村

高山村位于玉林市玉州区城北镇，距玉林城北仅5千米。明朝天顺年间（1457—1464年），高山村牟氏始祖牟上序从山东来到这里为官，便落户于此繁衍生息。根据《郁林州志》记载，1637年，明朝大地理学家徐霞客途经此地。

高山村大多数人姓牟，其他还有陈、李、易、冯、钟、朱等姓，这些汉姓家族都是早年宗祖因仕宦迁居于此。来自孔孟之乡的牟姓家族自古便有兴学重教之风，历代村民对教育和人才极其重视。从清乾隆二十二年（1757年）村中第一位进士牟廷典开始，到清末的一百五十余年间，高山村共出4名进士、21名举人、193名秀才，因此，高山村也被称为"进士村"。

高山村的布局与建设深受宗法礼制的影响。据《高山村志》记载，高山村先人"卜居于山水抱必有之地"。高山村位于大容山支脉寒山岭东南麓牛梯山余脉延续地段，前临紫色锦屏——挂榜山，背靠天然后盾——寒山，且北有文笔岭、独头岭、马路岭，南有四社岭、横岭，西有黄牛岭、锠盖岭，七岭围护，东面又有清湾江顺流而下，藏风聚气，形成"七星伴月"的风水格局。[1]

1 潘冠文.玉林市传统村落保护发展规划研究——以玉林高山村为例［D］.广西大学，2016.

图3-82 高山村自古便有兴学重教之风，历代村民对教育
和人才极其重视，也被称为"进士村"

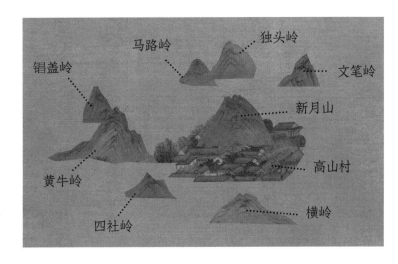

图3-83 高山村藏风聚气，形成"七
星伴月"的风水格局

高山村在整体布局上呈现规整的向心性组团空间形态。各民居建筑以宗祠为中心向四周分布开来。村子不同姓氏族群形成相对独立而又相互照应的布局模式，使高山村的人在近600年的历史进程中和平共处，相安无事。

高山村的建筑装饰主要体现在村中各大小宗祠建筑之中。作为团结与联系族人重要场所的宗祠有着供奉祖先、集会议事、子孙娶亲、处理宗族事务、执行族规家法的功能。村中宗祠以牟姓宗祠数量为最，如兄弟关系的祠堂——牟绍德祠和牟思成祠，也有父子关系的祠堂——牟致齐祠和牟盛江祠，还有牟姓各自所建祠堂，如牟著存祠、牟惇叙祠、牟华章祠、牟光烈祠等。在此，仅选取牟思成祠建筑装饰进行介绍，以一斑而窥全豹。

牟思成祠为高山村第一位举人牟春华的后裔所建，始建于明万历年间，现存建筑为清雍正甲寅年（即雍正十二年，1734年）建造，建筑面积1100平方米，属于村落中形制规模较大、年代较远且保存较完好的一所祠堂。宗祠为四进三开间布局，设有前院、门厅、议事厅、香火厅与观音厅。硬山式的屋顶与凹门斗式门厅从外部看来十分不起眼，门厅外部的装饰主要是正脊处的灰塑装饰，但年久失修，现已残旧受损。斑驳中隐约可见原塑花鸟果木、风景人物等图案，在建筑中起到了中心点缀的作用。在浅浮雕博古纹的封檐板下，清新淡雅的壁画描绘有古代戏曲与古籍诗词等内容。对于注重浓墨重彩的传统建筑大门装饰来说，牟思成祠的大门装饰显得低调而朴素。

进门后有一木制屏风，以阻挡外部视线，防止祠内风水外漏。从屏风两旁进入，展现在眼前的是第二进议事厅。议事厅，是进行集会议事、婚丧嫁娶等重大活动的场所，也是使用频率最高的空间。因此，议事厅中的装饰要比其他空间的装饰营造更为讲究与精致。寓意"独占鳌头"的镬耳式山墙端庄典雅。正脊脊耳内部重叠施以夔龙纹，热烈而具有力量，岭南瓜果、花卉形象穿插其间。

议事厅内采用瓜柱梁架，紧凑的架构将屋顶高高抬起。瓜柱梁架装饰较少，仅简单雕刻单体云纹图案。但在金柱与檐柱之间的弧形轩棚，梁架较低矮，便于观看。在抱头梁与柁墩之间形成宽松的空间，木雕檐梁依据轩棚弯曲的结构制作出左右对称的卷草龙纹，龙头顶起屋檩，下部柁墩外形制成花瓶形，内部雕刻鹿衔灵芝、仙鹤、青松、翠竹、寒梅、牡丹花等吉祥图案。

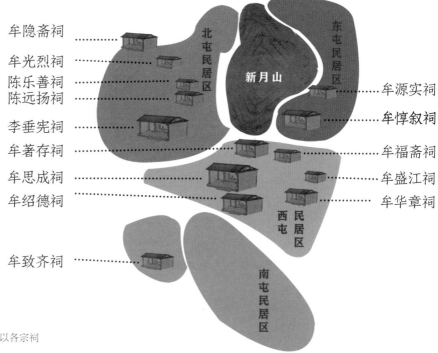

图3-84　高山村民居建筑以各宗祠为中心向四周分布开来

图3-85　牟思成祠议事厅正脊脊耳内部重叠施以夔龙纹，热烈而具力量，岭南瓜果、花卉形象穿插其间，精美细密

图3-86　弧形轩棚顶下的木雕檐梁装饰雕刻华美，整体敦厚优雅

2.玉林兴业县庞村

庞村距离玉林市兴业县城中心约 1 千米。据《庞村梁家宗志》记载，现存的庞村系兴业县都陵堡东塘村（今石南镇凤东村）梁纯庵及其子孙所建。梁纯庵又名梁标文（1741—1801年），字纯庵，号玉英。他凭借自己的聪明才智以及过人的经商头脑，通过经营蓝靛染料，逐渐扩大家业，拥有店铺百余间，产业遍布县内附城、凤山、南乡、六联、葵阳、长荣及山心、蒲塘、大平山、合浦等地，成为当时兴业首富。[1]梁纯庵共有7子9女，在其资助与影响下，其子孙后代不断扩大家业，直至晚清时期基本形成目前我们所见的庞村建筑群风貌。

受宗法与礼制影响，庞村的建筑装饰主要集中在梁氏宗祠、将军地（146号）等重要建筑上，装饰体现了典型的广府系风格。镬耳山墙与人字山墙遥相呼应，与湘赣系山墙相比，其两侧高翘的处理，更显墙体曲线轻盈与秀美。屋顶脊饰上多采用博古脊与龙舟脊，以灰塑工艺进行装饰表现。

1　梁婵.兴业庞村古建筑群建筑文化初探［J］.广西博物馆文集（第十一辑），2014（12）：264.

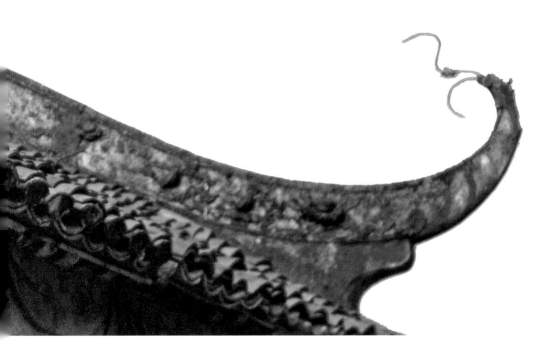

图3-87　人字山墙两侧高翘的处理，更显墙体曲线轻盈与秀美

在庞村建筑群中，处处可见檐下的壁画装饰。历经百年，与残破的建筑相比，庞村的壁画色彩仍鲜艳夺目。

庞村壁画的位置一般固定在一条等宽批灰带上，构图形式以仿书画装裱形式为主，头门纹饰繁琐，营造出一种美观大方的装饰效果。因为等宽的长条构图很难进行连贯的画面设计，因此，装饰画师根据墙壁的形态和预先的规划形成多段式画面，并联搭配成壁面顶端的长幅构图。每个组成部分各有其独特的艺术特征，同时通过图框线条粗细、纹饰图案、色彩等营造统一的形式。[1]

庞村壁画采用毛笔进行描绘，画心表现形式与国画相似，画框纹饰一般选较厚重的色彩，色彩晕染层次丰富，将画心内容很好地衬托出来。除了等宽的卷轴式壁画，还有一种"配饰画"，这是根据墙面的整体形状而衍生出的形态丰富的壁画类型，配饰画形状不如画心那样规整，但可使墙壁更具装饰美感与画面完整性。

对注重檐下装饰的庞村人来说，仅仅依靠壁画远远不够。在檐下的封檐板木雕与灰塑上，装饰表现层次丰富，大量使用圆雕、深浮雕与透雕等工艺，多种技法结合主题进行呈现。

....

1　谢燕涛.岭南广府传统建筑壁画研究［D］.华南理工大学，2018.

图3-88　壁画画框纹饰一般选较厚重的色彩，色彩晕染层次丰富，将画心内容很好地衬托出来

图3-89　在仅约20厘米高的封檐板上，工匠运用多种雕刻技法，营造画中有画、层层递进的多层空间关系，构思巧妙，优美儒雅

图3-90　檐下的墙楣灰塑同样精彩。因墙楣接近人的视线，工匠会极尽所能地进行装饰塑造。三组不同的尺寸画面组合在一起，精湛的塑形能力加之强烈的蓝红对比色运用，使装饰形象跃然墙上

3.玉林北流市萝村

　　萝村位于玉林北流市民乐镇，萝村背靠桂东南最高峰大容山，村前有许多小山丘连绵起伏，山与山如一张罗网保护着村子，所以称为萝村。萝村陈姓始祖叫陈楠，原籍浙江省台州府天台县白石乡，约于1650年到北流为官，并举家迁至萝村。萝村自古有着"耕读传家"的文化传统，历史上人才辈出。据村中陈姓族谱记载，自明清以来，有进士2人、举人5人、贡生11人、文秀才（含监生）80人、武秀才7人。官阶最高者是陈绳虬（号百龙），光绪年间任度支部库藏司郎中，诰授荣禄大夫（从一品）。

图3-91　连绵起伏山丘，阡陌纵横的稻田犹如罗网守护着村子

图3-92 "镬耳楼",因其大门
开在具有广府特色的镬耳墙上而
得名

　　萝村现存明清时期典型的广府系民居,如祠堂有陈克城祠、陈
锡门祠、乡林祠等,民居有镬耳楼、胪云堂、文嘉堂等。建筑常为
两进或三进式四合院,建筑结构恢宏,错落有序。村子有一座特别
的建筑,叫"镬耳楼",因其大门开在具有广府特色的镬耳墙上而
得名。镬耳楼建于清咸丰年间,建造者为三代为官的朝议大夫陈宗
昉、其子资政大夫陈开来以及孙子荣禄大夫陈绳虬。

　　萝村的祠堂、宅院墙壁上仍保留着大量壁画。据统计,村中现
存有壁画的建筑共17间,近300幅,约1033平方米。这些壁画虽
历经漫长的岁月,但色彩与画面仍保存完好。萝村壁画多为檐下连
贯的构图形式,犹如给墙体镶了一个花边,画幅之间根据传统书画
装裱的式样进行粉饰。画心以外的画框、花边、卷首部分多以几何
图案、锦纹、花地锦等程式纹样作为花边,通过并联,在空间上营
造出整齐统一的视觉效果。

　　萝村建筑壁画数量较多,表现内容丰富多彩,既有似锦繁花、绿
水青山、花鸟虫鱼、飞禽走兽,也有表现福禄寿喜的神仙传说,还有
蒸汽轮船、洋房建筑等反映当时中西文化交流的生活题材。这些内容
不仅宣扬了传统的伦理道德观念,也体现了使用者的生活趣味。

图3-93　萝村壁画多为檐下连贯的构图形式，犹如给墙体镶了一个花边，令人赏心悦目

图3-94　萝村建筑壁画中还有描绘蒸汽轮船、洋房建筑等反映当时中西文化交流的生活题材

萝村常见的壁画题材大致有：

（1）墨水龙

龙在封建社会是权威的象征，因受制于等级森严的旧制而不能随意在民间使用。但在山高皇帝远的广西，等级体制并未得到严格执行。老百姓自己加工，随意性很大，聪明的画师也会在建筑上描绘卷草龙纹以表达对龙的喜爱。

墨水龙如同国画中的水墨画，背景采用黑色平涂方式，主体形象以线描勾勒，不加任何颜色，仅通过墨色晕染进行层次表现。具有强烈装饰性的草龙常描绘于大门厅内，蜿蜒的龙身逐渐与形似的卷草纹融为一体，龙展翅欲飞，瞪着炯炯有神的眼睛，张开大嘴，姿态雄健豪放，气魄不凡，这对每一个进入门厅的人都是一种震慑。

（2）人物画

萝村的人物表现题材多为一些历史画、风俗画、神话戏曲画等，以主流文人书画的审美为创作方向，对人物形象神态、服饰衣冠刻画细致入微，人物安排聚散有致，前后呼应。如描绘福、禄、寿三星相谈甚欢，中间穿插欢快小孩、书童，此画面与屋主人招财进宝、喜庆吉祥的追求相呼应。又如《太白醉酒》主题壁画，一棵大树下，青衣的李白醉眼迷离地斜靠在成摞的诗册上若有所思，酒壶、酒杯散落一地，酒缸边一个童子酒意正浓，另一童子却已不胜酒力，昏昏欲睡，整幅画面的人物描绘栩栩如生，惟妙惟肖。

图3-95　蜿蜒的龙身逐渐与形似的卷草纹融为一体，龙展翅欲飞，威风八面。背景采用黑色平涂方式，具有强烈的装饰性

图3-96　画师描绘福、禄、寿三星，与屋主人招财进宝、喜庆吉祥的追求相呼应

图3-97　充满生活趣味的《太白醉酒》主题人物画

（3）花鸟画

　　萝村的花鸟装饰画并不仅仅是为了表现动植物，更多是利用谐音表达屋主人对美好生活的祈盼。例如，蝙蝠谐音通"福"，象征幸福如意；金鱼的"金"谐音通"进"。在中国古代科举制度中，通过最后一级中央政府朝廷考试者，称为进士。描绘金鱼题材的壁画，象征读取的最高功名——进士。

图3-98　《五福临门》壁画，绘制云雾之中五只不同形态的蝙蝠，以此表示长寿、富贵、康宁、好德、善终这五福降临家中

图3-99　《三进士》壁画，用金鱼的"金"谐音通"进"。在中国古代科举制度中，通过最后一级中央政府朝廷考试者，称为进士

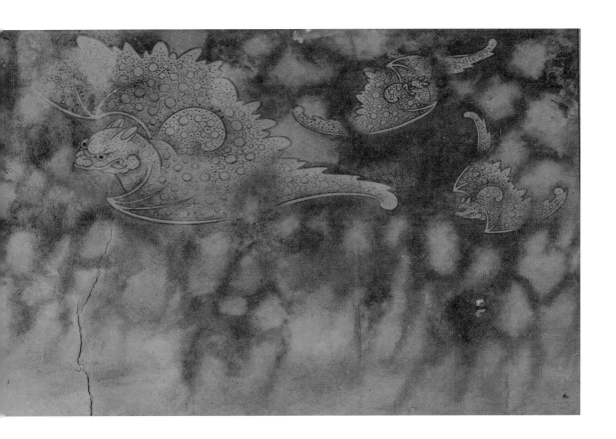

萝村壁画还常借用自然界动植物一些特有的生态属性来以物喻志。如使用多年生常绿乔木松树与长寿禽类仙鹤组合的"延年益寿"壁画，意指健康长寿；借用开花杏树与归来燕子组成的"杏林春宴"壁画描绘一派春意盎然、生机勃勃的景象，象征美好事物纷至沓来，因为皇帝宴请新科进士亦在此时，同时也象征着金榜题名。

（4）山水画

广西山水自然风光得天独厚，山岭绵延、风景秀丽。人与自然形成一幅幅和谐共处的美丽画卷。在萝村壁画中，画师借鉴传统山水国画的表现技法，常使用米点皴、披麻皴等技法表现远山，近处的农舍被安排得井然有序，村民在屋内读书、交谈，生活怡然自得。

（5）诗文

诗是高度凝练的艺术，优秀的诗词能够潜移默化地美化心灵、提升品位。在萝村陈克城祠中有一诗文题材壁画，便是屋主人借用唐代诗人杜甫的七言诗《堂成》表达新居初定时愉悦的心情：

背郭堂成荫白茅，缘江路熟俯青郊。

桤林碍日吟风叶，笼竹和烟滴露梢。

暂止飞乌将数子，频来语燕定新巢。

旁人错比扬雄宅，懒惰无心作解嘲。

图3-100　松树与仙鹤组合的"延年益寿"壁画，意喻如松鹤般高洁长寿

图3-101　在萝村壁画中，画师借鉴国画山水技法表现山水田园景色

图3-102　杏花与燕子所组成的"杏林春宴"壁画，描绘一派春意盎然的景象

图3-103　屋主人借用唐代诗人杜甫的七言诗《堂成》表达新居初定时愉悦的心情

4.玉林容县真武阁

　　容县真武阁，位于广西容县城东绣江
北岸的古经略台上。最初作为供奉道教神
像的地方，直到明万历元年（1573年），
县人"复憾前修之未备"，"于是大兴工
役""创造三层楼阁"，因阁内曾奉祀道教
称为北方水神的真武大帝，"以镇离火"，
所以称之为真武阁。

　　真武阁高13.2米，面宽13.8米，进深
11.2米，坐北向南，平面呈长方形，面阔三
间，进深三间，三层歇山顶。三千余条格木，
构件以巧妙的杠杆结构方法拼接而成。1962
年5月，梁思成先生在清华大学做学术报告
《广西容县真武阁的"杠杆结构"》（后全文
发表于《建筑学报》1962年7期）时，除了
描述真武阁奇特的"杠杆结构"，还强调了真
武阁在各层斗栱处理上的艺术之美："从艺术
方面来说，真武阁的建筑也是独具一格的……
整体上各层檐都显得特别突出。"

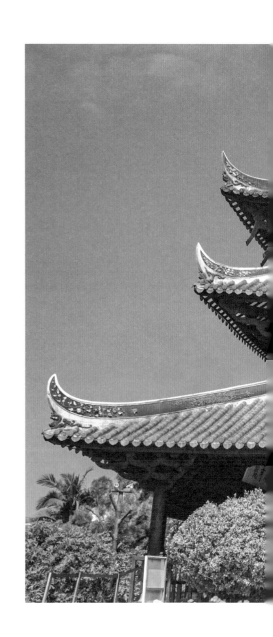

图3-104　真武阁整体上各层檐都显得特别突出，给人一种豪放不羁的印象

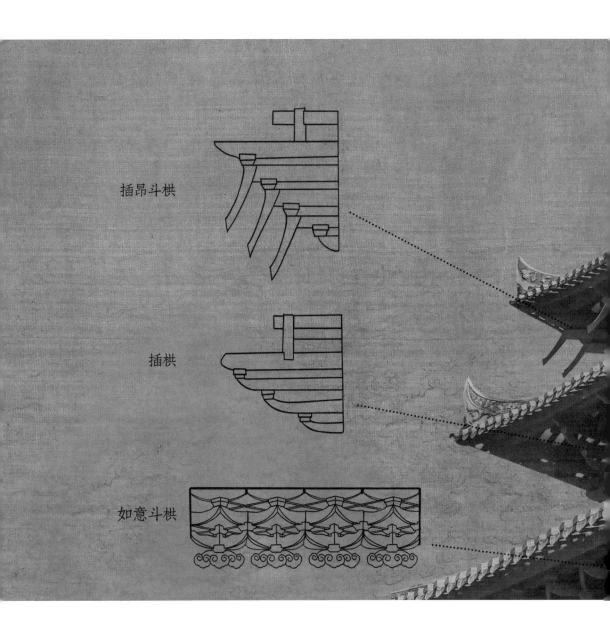

插昂斗栱

插栱

如意斗栱

真武阁非常注重上、中、下三层檐的斗栱变化。在第一层的左、右、后三面檐柱间的额枋上有着连续交织的如意斗栱，结构蕴含着重复之美。斗栱立于额枋的每一个卷云纹柁墩之上，两相交的斜栱嵌于柁墩上的斗口内，与面阔方向呈45°，在栱心相交处的正上方再安置一斗栱，重复之间不失变化。在广西传统湘赣系建筑中，我们曾提到全州蒋氏宗祠门楼与恭城周渭祠的如意斗栱。但那里的如意斗栱密度大，而真武阁如意斗却是疏朗通透的。第二层为三层插栱，造型纤细修长，通过三挑分

别将檐上的重力层层传输到柱中。第三层为四层插栱，为了显示区别，从二跳位开始装饰昂嘴，造型如插昂。"插昂"的名称出自《营造法式》卷四《飞昂》："若四铺作用插昂，即其长斜随跳头。"真武阁第三层的昂不同于传统的插昂，已失去结构作用，但为了保留昂本身极强的装饰作用，工匠雕刻出夸张的斜向下的昂嘴形象。昂长89厘米，昂底倾斜角度24°，昂面呈优美的弧线形。由于昂纤细秀美的独特造型，虽位于建筑高处，却极大地吸引了观者的目光。

图3-105　真武阁每层斗栱造型各异，第一层为如意斗栱，第二层为插栱，第三层为装饰插昂斗栱

5.钦州灵山县苏村

苏村位于灵山县石塘镇西面，东起蟠龙坝，西为化龙塘。苏村现存明清建筑群落15个，建筑面积69万平方米，主要有苏、刘两大家族，古村建筑虽多为刘氏家族所建，但统称为苏村。据刘氏族谱记载，中原刘氏始祖于南宋咸淳年间（1265—1274年）移民南方避乱，最先徙居广东省南雄市珠玑巷，后定居肇庆府高要县富湾乡榴边村（现属佛山市管辖）。刘氏家族中不乏游历宦海之辈，清代康熙后期苏村刘仕俭的五子十四孙中，有知府1人，知州2人，盐场大使、盐运司各1人，这些为官之辈无不熟读四书五经，道、儒文化底蕴深厚。[1]

苏村始建于清初康熙年间，主要由7座广府系宅院组成，中宪大夫鹤亭刘公祠（荫祉堂）位于左边第一座，由左至右顺次排列下来分别为长房司马第、二房大夫第、二房醝尹第、四房二伊第和五房贡元楼，三房司训第由于主人没有取得功名，位于大夫第后，成倒"品"字形格局，街巷呈线性单一空间，显示有强烈的规划意图，体现了严谨的等级与秩序。[2]

建造灵山苏村刘氏建筑群的工匠大多来自广东佛山，其装饰风格具有浓郁的广府特色。工匠精湛的雕琢工艺将苏村传统建筑单一的居住功能提升到一个赏心悦目、可居可游的境界。

荫祉堂，又称"中宪大夫鹤亭刘公祠"，建于清乾隆八年（1743年），是为纪念苏村刘氏始祖刘仕俭（号"鹤亭"）而建。刘鹤亭，当时县学秀才，获朝廷授予州同知职衔，诰赠中宪大夫，祠堂因此而得名。刘公祠为前后三进院落，左右两边是回廊。

1 黄国存.灵山县苏村古建筑雕刻艺术的价值探析［J］.美术界，2019.

2 谢小英主编.广西古建筑（上册）［M］.北京：中国建筑工业出版社，2015：136.

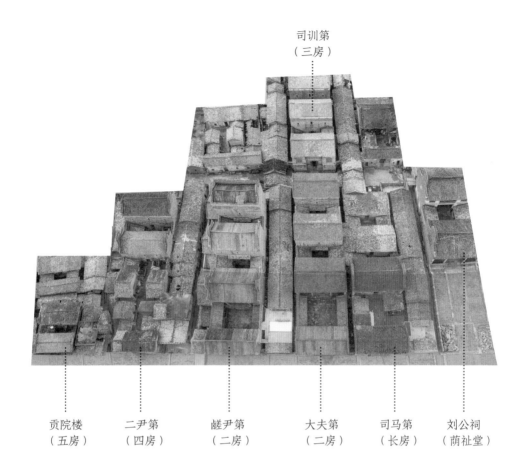

司训第
（三房）

贡院楼　　　二尹第　　　　醛尹第　　　　大夫第　　　司马第　　　刘公祠
（五房）　　（四房）　　　（二房）　　　（二房）　　　（长房）　　（荫祖堂）

图3-106　苏村建筑营建严格按照等级与秩序由左至右顺次排列

图3-107　建于清乾隆八年（1743年）的中宪大夫鹤亭刘公祠

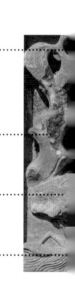

镂雕＋线雕
（树枝、树叶）

深浮雕
（树干）

浅浮雕＋线雕
（荷叶）

线雕
（水纹）

荫祉堂正面有六幅石雕栏板，四周由卷草与卷龙纹组成边饰，画面大小一致，表现风格统一。雕刻内容为秦末"商山四皓"的故事，工匠综合运用浅浮雕、深浮雕、镂雕、线雕等多种技艺，使主题突出，人物刻画逼真，线条苍劲有力，亭台楼阁、树木窗槛造型布置合理，画面主次分明，有着强烈的空间感。可惜的是栏板石雕的人物头像已遭破坏，但仍可见服饰雕刻精细优美。远看和谐一致的石雕给人柔和恬静之感，近看场景气氛热烈、一片生机。

图3-108　荫祉堂正面的六幅石雕栏板，画面大小一致，表现风格统一

图3-109　在栏板雕刻上工匠综合运用浅浮雕、深浮雕、镂雕、线雕等多种技艺，画面主次分明，有着强烈的空间感

深浮雕
（建筑空间）

浅浮雕 + 线雕
（竹子、叶纹）

深浮雕
（戏剧人物造型）

线雕
（戏剧人物衣纹
服饰）

　　司马第，建于清康熙四十一年（1702年），为刘仕俭的长子——刘炽祖所建。刘炽祖曾任广东直隶州分州司马，因此府第称为"司马第"。在司马第二进厅堂墙壁的前后两侧，各有人物浮雕石柱4条，高3.85米，宽0.665米，厚0.23米。每条石柱各有4幅画心，每面墙的画心左右两侧表现主题相互呼应，中间以过渡层装饰间隔。雕刻内容主要有"天官赐福""鲤鱼跃龙门""万物欢欣""麒麟送子""金榜题名""马到成功""事事如意"等。

图3-110　每条石柱各有4幅画心，每面墙的画心左右两侧表
现主题相互呼应，中间以过渡层装饰间隔。题材众多，所雕
人物线条流畅，神采飞扬

工匠入乡随俗，常将当地物产、风俗内容表现在建筑中。灵山自古盛产荔枝，历史可追溯到汉高祖年间。据《灵山县志·乾隆甲申》之"果属部分"记述："荔枝有四月荔，有大造荔，有黑叶荔，以黑叶为佳，伊尹所称南方凤丸，疑即荔枝也，《荔谱》云：南粤尉佗以之备方物，于是通中国。"明代嘉靖年《钦州志》、雍正庚戌年《灵山县志》、嘉庆庚辰年《灵山县志》、民国三年《灵山县志》对灵山荔枝种植均有记载。[1]因此在苏村的建筑木雕装饰上，工匠结合当地荔枝为题材进行装饰表现，同时取"荔枝"谐音"来子"，寄托着家族日益庞大、多子多福、香火永继的美好愿望。

1 灵山荔枝．国家市场监督管理总局，中华人民共和国国家知识产权局［EB/OL］.https://baike.baidu.com/reference/6647433/c7eb8AS_xoGbuUoRRdSXpkSNMS8PzFUDm2lFC4xJEPo0o FsxTL0rN5PwQrY6JHQuuqtyzpQRT—kD2wERD6HhWip—8QjrL8w.

图3-111　在苏村的建筑木雕装饰上，工匠结合当地荔枝为题材进行装饰表现，以期盼多子多福、香火永继

6.钦州灵山县大芦村

　　大芦村，本是一片荒芜之地，直到明嘉靖年间（1522—1566年），由于北方兵乱，一名来自山东即墨劳山的县学廪生劳经卜与他的族人来到现大芦村的位置开荒耕种。经过劳氏先民的苦心经营，到17世纪初已发展建设成为拥有15个（如今是13个）姓氏、家族间和睦共处的富庶之乡。为了使后辈不忘当初创业的艰辛，故而给村子取名大芦村。

　　劳氏先祖从建造第一座宅院开始，就严格按照风水规范，精心营造与周围环境相和谐的修身养性之所。优美的生态环境，加上得天独厚的地理条件和浓郁的文化氛围，使大芦村人才辈出。据记载，截至清光绪十三年（1887年），大芦村先后培育出县、府儒学和国子监文武生员102人，县文武官职47人，78人次获得明、清历代王朝封赠。大芦村如今仍保留着9个群落（居民点），15个大型宅院，从明嘉靖二十五年到清道光六年（1546—1826年）逐步完成[1]，建筑占地总面积22万多平方米，分别由镬耳楼、三达堂、东园别墅、双庆堂、蟠龙堂、东明堂、陈卓园、富春园和劳克公祠等主要建筑单元构成。

图3-112　东园别墅一个个长短不一的龙船脊矗立在高低起伏的灰瓦之上，远远望去，犹如河流之上百舸争渡

东园别墅，为大芦村劳氏第八代劳自荣兄弟三人于清乾隆十二年（1747年）所建，占地面积7750平方米，建筑群朴实无华，装饰集中在屋顶，一个个长短不一的龙船脊矗立在高低起伏的灰瓦之上，远远望去，犹如河流之上百舸争渡。

1　陶雄军.广西北部湾地区建筑文脉［M］.南宁：广西人民出版社，2013：33.

蝙蝠的蝠与"福"同音，被古人视为
"福"的象征，蝙蝠飞临寓意"进福"，幸福
吉祥。在大芦村中抬头仰望，不时会见到蝙蝠
造型的装饰，有展翅欲飞的蝙蝠造型，寓意
"福从天降"；有蝙蝠团花的图案，寓意"四
季有福"；也有五只蝙蝠围绕篆书"寿"字的
五福捧寿封檐木雕，寓意"多福多寿"。这
些蝙蝠造型各异，生动活泼，让建筑处处充满
"福"的气息。

图3-113 寓意"福从天降"的蝙蝠造型

图3-114 寓意"四季有福"的蝙蝠团花图案

图3-115 寓意"多福多寿"的五福捧寿木雕

7.钦州那蒙镇竹山村

那蒙镇竹山村，位于钦州市北部。建于清乾隆二十四年（1759年），古村是由赞府第、司马第、中军第、明经第、五福堂、城起堂、三德堂、九如堂、绳武堂、世禄堂、安福堂、仁礼堂、贞吉堂、华荣堂等组成的建筑群，现存11座，建筑面积12682平方米。[1]

竹山村建筑均采用青水砖墙，外表朴素低调，但内部的装饰却精巧细腻。从呈现的题材到雕刻的技艺，再到颜色的搭配，处处体现当时工匠较高的装饰技艺与艺术审美水平。

三德堂，又名中军第，建于清同治年间（1862—1874年）。这里的木质建筑雕刻精美华丽，虽功能各有不同，但风格高度统一。三德堂封檐板板底与边端以镂空的卷草纹、夔龙纹的花边进行装饰。板面装饰使用石绿色做底，虽经百年，色彩仍艳丽夺目。象征多子多孙、丰收硕果的老鼠与葡萄，象征吉祥常在、喜事不断的菊花与喜鹊，象征玉堂富贵的玉兰花与喜鹊……一幅幅生动的画面在石绿色的衬托下如连环画般依次展开，每个画面在工匠的精心处理下通过动物的串联或是植物叶脉的穿插，使画面主题与内容巧妙联系在一起。

1　陶雄军.广西北部湾地区建筑文脉［M］.南宁：广西人民出版社，2013：28.

图3-116　一幅幅生动的画面在石绿色的衬托下如连环画般
依次展开，显得富丽华美

起着支撑作用的梁架同样精彩至极，博古式梁架根据大梁和檩条的位置高低进行整体设计。直线表现的博古形将画面分割出一个个独立的封闭空间，底色同样以石绿色进行填充，象征吉祥、如意、幸福、安康等美好祝愿的鱼、喜鹊、鹿、蝙蝠、麒麟、狮子、芙蓉花、青松等图案被合理安排在博古形构成的特异空间内。表现题材丰富的博古梁架力学性能被弱化，更强调纹样的装饰性。

广西沿海城市日照时间长，闷热潮湿，雨水较多。相比北方的建筑，沿海城市建筑的屋檐较大，为便于遮阳避雨，需要较长的檐梁对屋檐中的檩条进行支撑。三德堂的檐梁为三挑式，且每一挑造型与装饰各有不同。第一挑为方形栌墩，边框内以深红色做底，表面雕刻象征丰收喜庆的浅浮雕雀鸟、石榴图案，石绿描绘花叶，绿与红在视觉上形成强烈的对比感。第二挑为长条形，内刻夔龙纹、凤纹、云纹等，色彩搭配上与第一层相似。最具特色的是第三挑，采用曲柔的造型，犹如大象的鼻子，所以有一部分人们将这类特殊的造型称为象鼻挑手（也有些学者认为像生活于广西、云南等亚热带地区的长臂猿的长臂，因此也叫猿臂挑手）。在挑手顶端以荷花莲蓬承檩，梁身俏皮的麒麟与蝴蝶嬉戏玩闹，充满趣味性。同一建筑上石绿色的底与博古梁架、封檐板底色相同，这成为广西传统建筑装饰中系统化设计的典范。

图3-117　表现题材丰富的博古梁架力学性能被弱化，更强调纹样的装饰性

图3-118　三德堂的檐梁为三挑式，但每一挑造型与装饰各有不同

8.南宁新会书院

新会书院,坐落于现南宁市解放路42号。新会书院始建于乾隆初年,由旅居南宁的广东江门新会籍人士集资兴建,道光二十三年(1843年)进行重修。新会隶属于今天广东的江门。明清时期,借助西江至邕江的河运优势,各省的商人云集南宁。他们纷纷设立同乡会馆,作为商务洽谈、同乡聚会、文化娱乐的活动场所。[1]

新会书院建筑占地750平方米,三进两廊,抬梁式硬山顶建筑,青砖清水墙错落有致。新会书院主要装饰位于建筑最高处的正脊,采用灰塑技艺进行表现,构图上左右对称、虚实相间、疏密有度,使整条脊饰视觉效果连贯统一,由此勾勒出来的美丽天际线,不仅赋予建筑多重的内涵,也深深吸引着沿路往来的观者。

上层仿陶塑效果,脊耳为夔龙形,脊额表现国富民强、天官赐福的戏曲人物主题场景。工匠没有刻意以追求精雕细刻的艺术效果来取悦观者,而是充分利用灰塑的材质特性,运用简练、圆润、随意的表现手法塑造拙朴的戏曲人物。

下层灰塑脊饰体现了传统装饰构图的形式美感,为5段式构图,中间与左、右两侧画幅较长,夹在中间两幅较短。中间一幅为主体,篇幅最大,深、浅浮塑表现九狮镇江山的恢宏场面,左、右两侧分别表现了鹤鹿呈祥、五子登科、莲升三级与孔雀戏梅四组画面。传统的对称构图在追求端庄稳定的同时常有缺少动感的遗憾,但在新会书院,工匠巧妙地在正脊两侧制作两条摆尾游动的鳌鱼形象,强烈的动势让整条正脊构图活跃了起来。

....

1　赵劲杨.新会书院 [J] .广西城镇建设,2013.

图3-119　新会书院屋顶上的正脊装饰，布局匀称，舒展优美

9.百色粤东会馆

清代中后期，在商业繁荣的广西各地圩镇市集基本都能
见到广东商人经商的身影。粤东会馆作为广东商人聚会和洽
谈生意的场所，成为广东人与家乡联系的中转站。

百色市地处广西西部，位于滇、黔、桂三省的交汇处，
是三省通商的交通枢纽和商品的集散地。百色上接源自云南
省的驮娘江，下接流向广东珠江的右江，为商贸往来提供
了重要的水上交通便利。丰富的货物来源加上优越的地理位
置，招徕了大量的广东人到此经商。对此移民盛景的描述，
百色县志有过"市廛商贾，多粤东来"[1]的记载。随着粤商
规模的日益壮大，康熙五十九年（1720年），旅居百色的
粤商梁煜领头筹款并组织商会开始修建粤东会馆。之后在
1835—1840年、1872年，粤东会馆进行过建筑局部与装
饰部分的维修工作。1929年12月11日，无产阶级革命家邓
小平、张云逸等同志领导和发动百色起义时，在此创建了中
国工农红军第七军司令部。

百色粤东会馆建筑占地约为2331平方米，建筑面积
1780平方米，坐西朝东，共分为前、中、后三大殿。整个
建筑严格按照"中轴明显，左右对称"布局，两侧对称地配
以厢房与庑廊。建筑总体保存完好，是广西境内保存状况较
好、建筑装饰较为精美的会馆建筑。作为粤东会馆脸面的大
门，充分体现了雍容华贵的装饰造型与艺术面貌，深刻反映
出当时在广西经商的广东商人雄厚的经济实力。在装饰布局
上，主要考虑人体尺度与易达的观赏位置，工匠针对不同的
建筑部位进行不同精美程度的装饰，而超出人正常视野范围
的装饰，常使用夸张的形象处理。

在此，对百色粤东会馆大门的装饰内容与装饰布局逐一
进行分析。

....

1 陈如金.百色厅志卷三［M］.台北成文出版，清光绪十七年（1891年）.

图3-120　粤东会馆建筑占地约为2331平方米，坐西朝东，共分为前、中、后三大殿。整个建筑严格按照"中轴明显，左右对称"布局

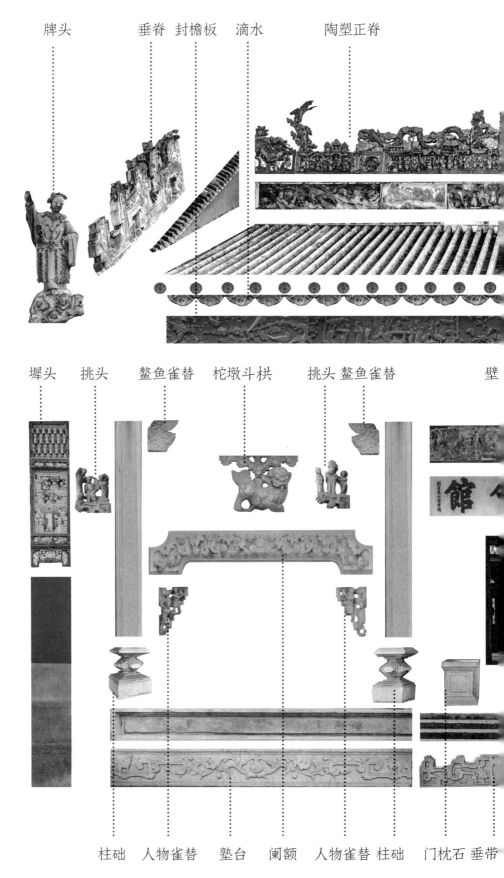

牌头　　垂脊　封檐板　滴水　　陶塑正脊

墀头　挑头　鳌鱼雀替　柁墩斗栱　挑头　鳌鱼雀替　　壁

柱础　人物雀替　墊台　阑额　人物雀替　柱础　门枕石　垂带

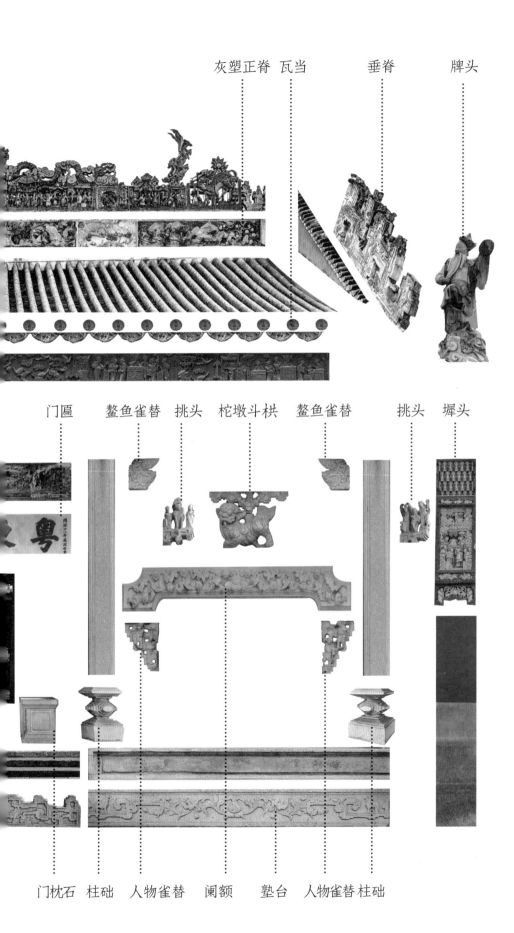

灰塑正脊　瓦当　　垂脊　　牌头

门匾　鳌鱼雀替　挑头　栌墩斗栱　鳌鱼雀替　挑头　墀头

门枕石　柱础　人物雀替　阑额　墩台　人物雀替　柱础

图3—121　粤东会馆大门的装饰布局与装饰内容分解图

（1）陶塑正脊：文字装饰显示建于同治壬申年（即同治十一年，1872年）由吴奇玉重造。主体为"完璧归赵"等戏曲、人物题材，道具和人物活动构图布局如舞台布景，不受透视法的约束，多个故事情节集中在陶塑上，突破时间与空间的限制，有着强烈的国画长卷感。背景上的树木、花鸟、房屋、亭榭合理变形，错综掩映、穿插联结，整个画面层层叠叠、疏密有致。陶塑双龙昂首仰望，宝珠脊刹位于中央，龙身沿屋脊弯曲，生动活泼，寓意太平盛世、光明普照。动感十足的鳌鱼，如从云天落下，气势非凡，使屋顶的轮廓线更加优美。鳌鱼在民间有着防火避灾的寓意，同时迎合了人们期盼子孙后代独占鳌头的愿望。

（2）灰塑正脊：五段式构图，比例约5：2：3，居中画面比例最大，戏剧人物题材，旁边为浮雕山水，左右两侧塑狮子、锦鸡造型，灰塑上施以淡彩，底色黑白相间。装饰内容丰富，寓意深远。

（3）垂脊：博古式垂脊，以红、绿、蓝三色夔龙纹浅浮雕装饰，灰塑狮子、蝙蝠、寿桃等祥瑞动植物穿插其间。

（4）牌头：左、右垂脊顶端立陶塑人物——日神与月神。男持"日"字牌，为日神；女持"月"字牌，为月神。日、月二神的说法来历不一，一说为盘古氏双眼所化，左眼化为日神，右眼化为月神，从而民间常有"男左女右"的习俗；另一说日、月二神为伏羲、女娲形象。

（5）瓦当：以圆形塑造团花适合纹样，花蕊为石青色，四周为石绿色。

（6）滴水：形状为上平下尖的三角形，为适应三角沟通，工匠巧妙塑造倒立蝙蝠口衔寿字吊环，取"福寿双全"之意。

（7）封檐板：底色为深褐色，板上雕刻花鸟、岭南瓜果、戏剧人物等，镂空夔龙纹作为花边分布于板底和两端收口处。

（8）墩台：为两层式石构件，装饰部位位于底层，浅浮雕雕刻夔龙纹、卷草纹与西番莲纹。

（9）门枕石：石座形，与会馆其他装饰相比，门枕石略显简朴，仅在四边做竹子形简单雕刻。

（10）垂带石：位于台阶两侧，以夔龙纹装饰，上边缘不再是整齐直线处理，而是以夔龙外形进行起伏变化。

（11）柱础：叠涩束腰型石构件，叠涩装饰清瘦而轻盈。

（12）阑额：即檐枋石梁，额身高浮雕雕刻西番莲纹与卷草纹。

（13）枙墩斗栱：石构件，圆雕金花狮子造型，对上方横梁起支撑作用。

（14）挑头：位于石檐柱上，纯装饰性，无具体使用功能，装饰内容分别为"大放金盛""加官进爵""天官赐福""三英战吕布"。

（15）雀替：石质造型，位于檐下，已弱化雀替对檐枋的支撑功能，更多强调装饰性，有鳌鱼造型与人物造型两种。雀替中人物脚踩云纹，有着平步青云之意。

（16）墀头：灰塑装饰表现，为较高级别的五段式，墀头顶仿如意斗栱，过渡层为岭南瓜果与牡丹花图案，主体墀头身为戏曲题材，布景从上至下各三段，有种时间与空间的交错感。墀头座左、右各塑一天官，中间为钟表与卷草纹。

（17）门匾：以石质楷书阳刻"粤东会馆"四个字，字体雄健浑厚。

（18）壁画：画心以工笔彩绘的形式描绘"曲水流觞"的故事，表现身临清流，为流杯曲水之饮的文人雅士生活。

10.北海合浦县大士阁

合浦有着悠久的历史,是汉代海上丝绸之路的始发港之一。作为明代重要的海防地,合浦县东南山口镇永安村曾经是永安守御千户所城所在地。南宋宝祐年间(1253—1258年),北部湾一带就曾遭受倭寇侵扰,"六年戊午,倭船入寇。诏广东廉州沿海等处申严防遏"。明永乐八年(1410年),倭寇攻陷廉州城(今合浦县城),"此倭贼入寇之始";隆庆二年(1568年),倭寇再次占据廉州,该城被真倭假倭合伙洗劫数月之久。这反映了古合浦严峻的抗倭海防形势。在这样严峻的海防境况下,在关键位置布防成为应对倭寇侵扰的重要措施。明代曾在岭南沿海设置数百座守御千户所,其中,永安守御千户所即为其一。[1]

合浦大士阁位于广西合浦县山口镇永安村十字街正中。在明成化五年(1469年),当朝官员组织修建具有报警功能的军事设施——鼓楼。随着时光的变迁,鼓楼的军事功能逐渐弱化,村民开始在鼓楼二楼供奉起观音大士,"大士阁"即因供奉观音大士而得名。据清道光六年(1826年)廉州知府何天衢所撰《永安城重修大士阁碑记》记载:"(永安城)创于明代……中城旧有大士阁,上奉大士,下为四达之衢。"由此可知,至少在此之前即已改称"大士阁"。

大士阁,当地又称"四牌楼",坐北向南,面宽9.7米,进深16.37米,底层面积166平方米,为前后两座重檐楼阁相连的组合式楼阁建筑,前座略低于后座。大士阁主体结构由36根格木圆柱支撑,柱子直径有36厘米、45厘米、53厘米三种规格。密集的木柱根据房屋结构间隔不一排列,在秩序中形成变化。每根圆柱下安置柱础,由麻石制成,圆鼓与覆莲式柱础有着宋代遗风,覆莲式瓣片雕刻圆润厚实,有8瓣、9瓣、10瓣、12瓣、16瓣五种。两座楼阁屋檐四周装饰十分细致。丰富的装饰形象加上多彩的颜色,抬头仰望,华丽的屋檐与湛蓝的天空形成一幅绚丽的彩图。

大士阁两座重檐山楼相连接,屋顶出檐深远,角柱侧角升起,有着罕见的宋制风韵。屋顶正脊采用灰塑工艺,脊额装饰缠枝、莲瓣形,前座正脊两侧塑有展翅欲飞的凤凰形象,后座正脊两侧塑鳌鱼形吞兽。

在垂脊与翘檐的装饰处理上,张嘴呼叫的盘龙缠绕在垂脊左右两侧。龙的造型工艺巧妙,随着屋脊由上至下,龙尾浅浮塑逐渐向龙头圆塑转变,姿态生动,宛如龙啸长空。山墙中心蝙蝠倒立俯视,取"福到"之意。瓦当饰花形,滴水饰蝴蝶形,均依外形进行图案合理布局,采用浮雕式,线条流畅大方。檐下有着华丽的枋间彩绘装饰和镂空圆弧花瓣纹、斜格万字纹花窗。在色彩处理上,工匠大胆使用蓝色与橙黄色、绿色与红色这样的对比色,更突出了大士阁装饰的富丽之美。

....

1 杨家强.广西真武阁与大士阁建筑研究[D].华南理工大学,2017.

图3-122　建于明成化五年（1469年）的合浦大士阁，二楼
供奉观音大士，如今依旧香火不断

图3-123 大士阁精彩的屋顶装饰

图3-124　工匠大胆使用蓝色与橙黄色、绿色与红色这样的对比色，更突出了大士阁装饰的富丽之美

图3-125　柱础由麻石制成，覆莲式柱础瓣片雕刻圆润厚实，有着宋代遗风

三、客家系传统建筑装饰

明清时期，随着生活在广东东部与北部地区的客家人口日益增多，地少人多的矛盾日趋显现，他们不得不考虑向周边地区寻求更多可用于耕种的土地。就在此时，同处岭南地区的广西，当地许多的少数民族遭到朝廷的驱赶，从而留下了许多闲置的土地，这正好吸引了客家人迁居到此。根据《明实录》的相关记载："广西桂林府古田县、柳州府马平县皆山势相连，瑶、壮恃以为恶。我军北进，贼即南却……广东招发广州等府南海等县砍山流食瑶人……并招南雄、韶州等府西江流往做工听顾（雇）之人……俱发填塞。"[1]

客家人进入广西非一次性迁徙，来到广西的道路也并非一条，有的是通过湘桂走廊以及潇贺古道，经由湖南迁徙至广西，定居在桂东北山区，如贺州；有的是由西江水系一路向西进入广西，分布在现今广西的浔江、黔江、郁江等流域，如来宾、柳州、贵港、玉林等地；还有一部分来自福建或广东的客家人，他们通过南海，以海路的形式到达广西南部的南流江流域以及钦江流域，如广西南部地区的北海、钦州、防城港。

漫长的迁徙之路，加上艰苦的生存条件，让客家人更懂得什么叫团结才是力量，唯有宗族之间相互团结才能抵御恶劣自然环境以及其他族群的攻击。因此，客家人十分强调聚族而居，在建筑上追求围合性与封闭性，密闭的高墙之内，整个宗族的几百号人和谐地生活在一起。

在广西的客家建筑形制中，堂横屋比较常见，如贺州莲塘镇江氏围屋、钦州灵山县马肚塘村围屋、柳州凉水屯的刘氏围屋、玉林博白的白面山堂围屋等。其他围屋形制还有玉林砵砂垌的围垅式围屋以及北海曲樟乡的围堡式围屋等。

广西的客家传统建筑与其他地区的客家建筑一样，多使用夯土或泥砖作为墙体的主要承重结构，而木结构只是屋面檩条、部分联系梁和承托屋檐出挑的木挑手。加之客家人更加注重礼制的传承，他们相信与其尊敬神灵，还不如敬重自己的祖先，故祖宗神的崇拜成为客家人最主要的信仰。因此，广西客家建筑装饰多体现在祖宗祠上的木梁、挑手、户牖等处。

（一）客家系传统建筑装饰特征

图3-126　类似广府建筑中的镬耳墙深藏在歇山顶下，显得含蓄内敛

1.墙体

　　广西客家系民居的墙体简单而素雅，屋檐多为悬山式，即便受相邻民系建筑装饰的影响，会使用到类似镬耳墙的山墙，但造型仍旧显得含蓄内敛。

....

1　司徒尚纪.岭南历史人文地理——广府、客家、福佬民
　　系比较研究［M］.广州：中山大学出版社，2001：45.

图3-127　玉林硃砂垌大夫第上的龙舟脊

2.屋面

湘赣系与广府系建筑的屋脊都是装饰的重点部位,但在以简朴为美的客家人眼中,无须如此张扬。客家人的屋脊多以瓦片简单叠涩,即使是重要家祠建筑屋顶,也仅能看到受广府系建筑影响的龙舟脊。

3.构架

多用夯土与青砖作为墙体的主要承重结构,对便于装饰雕刻的木结构,如梁架与挑手、封檐板处,客家人也会进行雕刻,并施以色彩。

4.门窗

客家人对门窗处理通常非常朴素,但一些较富裕人家也会在重要的中厅、祠堂等处对门窗进行装饰。客家人长期经历颠沛流离的生活,使他们强烈渴望生命的延续,象征连绵不断的连续式窗户装饰正是他们对"人丁兴旺"的期盼。

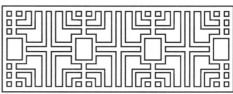

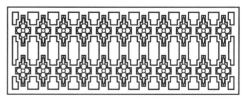

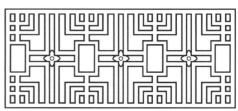

图3-128 客家围屋中连续式木窗装饰

图3-129　钦州灵山马肚塘村挑手装饰，在喜庆的红底衬托下，显得端庄秀雅

（二）客家系传统建筑装饰实例

1.贺州江氏围屋

　　江氏围屋位于贺州市莲塘镇，建于清光绪十一年（1885年），由莲塘江氏族人江海清花了8年时间营建而成。在这占地面积约2万平方米的围屋里，如今仍居住着三十余户人家。江氏围屋有着典型的客家建筑特色，屋宇、厅堂、居室、天井错落有致，厅与廊相通，廊与房相接。穿梭其间，感受到的是人与人之间没有隔阂的世外之境。

　　历史上，客家人在不断的迁徙过程中，要一次次面对生命的消亡，也许没有哪个族群比客家人更看重生命延续的意义。他们关注人口的繁衍与生长，因此，客家人将此强烈的愿望反映到江氏围屋的门窗雕刻之中。精美的繁花散落在厅堂门前的隔扇、横批窗的棂条之间，围屋花罩上缠枝莲花循环往复，变化无穷。这些不仅是客家人对美的追求，更传达了客家人对生命繁衍的期待。

　　江氏围屋的建筑装饰朴实而淡雅，普遍使用黑色，反映出客家人敬畏祖宗神、以礼为先的文化内涵。在客家人语言中，他们将黑色称为"乌"色，这与"武"同音。同时在一些直棂窗与梁上使用红色，象征"文"，含蓄而巧妙地形成文武双全之意。

图3-130　贺州江氏围屋祖祠前的隔扇门、横批窗装饰如绽放的花朵，连绵不断的线条体现了客家人对"人丁兴旺"的期盼

　　在一民宅的格扇门上，六扇并列于柱间，六块格心，每块都有喜鹊与梅花的雕刻，有着"喜（鹊）上眉（梅）梢"的寓意。在梅花树与盛开的花朵之间，活泼的喜鹊停息嬉戏于枝头或飞翔穿梭于花间，通过喜鹊将六扇门巧妙地组成一幅完整的横幅画面。有着吉祥寓意的祥鹿、蟾蜍、蝴蝶、葵花、石榴、佛手瓜、桂圆、宝瓶穿插其间，画面底部均为夔纹装饰底座，每两扇为一组。六扇门统一而不失变化，当全部关闭时组成一幅长卷画，当格扇门打开时，每一格心又独立为一幅生动的立轴画，足以体现工匠的奇思妙想。在格扇的雕刻上大量运用镂雕、深浮雕技法，写实地表现这些动植物形象，同时施以华丽的色彩，这与朴实低调的客家传统装饰风格截然不同。因此，不难发现，建造江氏围屋的工匠不仅有来自本地的客家人，还有来自湖南与广东的手工艺人，在这里，他们的技艺得到充分的展示，朴素与华丽、粗犷与细腻得到了交融。

图3-131　充分体现工匠奇思妙想与精湛工艺的格心雕刻，加上浓厚的色彩，更显喜气富贵

2.钦州马肚塘村围屋

马肚塘村位于钦州市灵山县佛子镇佛子村委。村口有一池清水，形状犹如一个吃饱了食料的马肚子，因此，村民将其形象地称为"马肚塘"，村子也由此而得名。在清乾隆四十五年（1780年），一个名叫刘永广的人来到此地，见一弯池水清澈透明，四周土地平整肥沃利于农作，便在此创建住宅——两全堂。此后，他的后人在此基础上不断依照客家建筑模式陆续建造出三多堂、三才堂、四宝堂、五福堂、六彩堂，6个群落占地总面积10423平方米。

马肚塘建筑属于客家的四角楼围屋风格，建筑方正，主体使用砖木结构，在屋舍之间，经由内廊两端的界门可进出大、小附院。这里庭院宽敞通风，朴素不失奢华。从外观上看，马肚塘房屋使用泥砖与青砖作为墙体的主要承重结构，墙面与屋瓦以灰、黄为主，色调单一。

虽然木结构使用较少，但在建筑内部抬头仰视，仍会看到精美的装饰蕴藏在一个个建筑构架之中，大有一种"内秀"之感。在仅有的梁架与挑手、封檐板上，工匠多采用浅浮雕工艺，在局部内容上还会进行深浮雕雕刻，红漆底上局部施以青绿色，富贵而典雅。屋主人多喜欢凤鸟题材，凤鸟造型有昂首仰望的，有展翅欲飞的。穿插其间的麒麟、蝙蝠、芙蓉花、梅花、太阳、古书等装饰，无不象征着屋主人的人生理念。

广府的壁画装饰同样出现在马肚塘的建筑内，题材有双狮滚绣球、麒麟献瑞、喜上眉梢等。但这些壁画表现方式较简单，动物造型多以双勾技法，构图均为向心式，色彩在墨色基础上仅使用一些绿色进行点缀，在华丽中透露着典雅。

图3-132 两全堂、三多堂、三才堂、四宝堂、五福堂、六彩堂围绕马肚塘而建

图3-134　建筑壁画中，山间两麒麟仰首相望，形象生动，画面表现
多以双勾技法，色彩在墨色基础上仅使用一些绿色进行点缀

图3-133　木制屋架上，浮雕装饰雕刻细腻，红漆底上局部施以青绿色，低调简约中凸显高贵

3.玉林硃砂峒客家围屋

清乾隆年间（1736—1795年），一支来自广东梅州市梅县区的黄氏客家族人来到了今天玉林的玉州区南江镇岭塘村。客居异乡的他们首要考虑的便是安全问题，就这样，具有防御性质的城堡式客家建筑硃砂峒客家围屋在坚固的高墙保护之下已屹立二百余年。

硃砂峒客家围屋坐东向西，背靠山坡。大门前有一半月形的池塘，池塘不仅成为防贼御敌的天然屏障，还具有蓄水、养鱼、防火、防旱等作用。

居于建筑群中心的"大夫第"，是硃砂峒客家围屋建筑装饰最为集中的地方。夸张的龙舟正脊中心的装饰已损毁，但从两端还能依稀

辨识麒麟、石榴、梅花、喜鹊、牡丹、夔龙等灰塑形象。中厅内墙面建造借鉴城门中一门三洞的形式，巨大的拱形木窗中，回纹形的窗格连续排列，装饰不仅满足通透的需求，同时体现了大夫第在硃砂峒围屋建筑上重要的地位。三门洞各饰一幅壁画，边框使用凹入的方式，犹如装裱过的国画花鸟作品。在墙顶端，依照墙坡面走势，匠人在墨色素地上描绘白色卷草纹，卷草纹形成左右对称的构图，将空间营造出一种"静雅肃穆"的感觉。

图3-135　大门前月形的池塘，不仅成为防贼御敌的天然屏障，还具有蓄水、养鱼、防火、防旱等作用

4.钦州刘永福故居

刘永福，字渊亭，1837年出生于广西防城港市古森峒小峰乡，是近代史上抗击外来侵略的民族英雄。

刘永福故居为刘永福从越南回国后，于清光绪十七年（1891年）开始在钦州营建，因他在越南被授予"三宣提督"的官衔，因此故居又称"三宣堂"。刘永福是客家人，其故居具有显著的围合特征。在5600多平方米面积中，故居建筑主要由头门、二门、主座、东西北廊房、谷仓、书房、炮楼和照壁等部分组成，主座起居活动空间、主座外合围空间、粮食储备空间和外围防御空间互相联系，形成一个大的围合建筑群。

相对广西其他客家围屋的简朴装饰，三宣堂的装饰深受广府及潮汕地区装饰影响，可谓华贵无比。祠堂木制梁架上满是精美金漆木雕装饰。这些装饰繁而不杂，金碧辉煌而不俗，精巧玲珑而不小气。当人们站在华丽繁复的梁架装饰下时，早已忘却其力学结构功能。

厅堂梁架通体布满装饰。山花梁架中心雕刻两只相望的凤鸟，四周以夔龙纹做底框，框架镂空处以岭南瓜果，如杨桃、佛手瓜、桃子、茄子等进行填充装饰。横梁以分段式进行表现，题材有荔枝、西番莲、牡丹花、葫芦、宝瓶等。柁墩采用狮子、麒麟、祥鹿、仙鹤造型，生动地栖息在横梁之上。工匠在精美的木雕上通体贴以金箔，打造出三宣堂高贵而华丽的气质。

图3-136　木制户牖装饰与屋顶上的壁画相互呼应、相得益彰

图3-137　三宣堂厅堂梁架通体布满装饰。画面题材丰富，动物造型刚健有力，缠绵植物枝繁叶茂，雕刻细致繁复。木雕之上通体贴以金箔，显得富丽华美

图3-138　三宣堂檐下山花梁架雕刻有蝙蝠等瑞兽、以及夔纹、如意纹、岭南瓜果等吉祥纹样，取吉祥、如意、幸福、安康之意。装饰以黑色做底，主体突出部分贴金装饰

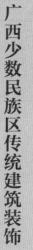
花开满故枝

——广西少数民族区传统建筑装饰

GUANGXI
CHUANTONG JIANZHU
ZHUANGSHI YISHU

GUI ZHU
FAN HUA

第四章

花开满故枝

——广西少数民族区传统建筑装饰

广西，是一个多民族聚居的自治区，也是全国少数民族人口最多的地方，生活着壮、汉、瑶、苗、侗、仫佬、毛南、回、京、彝、水和仡佬12个世居民族。不同的民族造就了特色鲜明的建筑，这些蕴涵丰富历史与民族文化的各色建筑，成为广西各少数民族文化与精神的重要载体。

商周时期，居住在广西地域上有"骆越""西瓯"两个部落，桂江流域生活着西瓯人，左右江流域生活着骆越人。秦汉时期，中原汉人成一定规模迁入广西，开始了与少数民族杂居、共同开发广西的历程，但当时"骆越人""西瓯人"还未形成共同的语言、地域认同、生活习惯、文化心理，民族意识缺乏。直至唐宋时期，广西土著少数民族经过分化、融合，以及几次大的少数民族起义，民族意识增强，逐渐形成了壮族、侗族、仫佬族、毛南族。[1]回族是在宋、元、明、清各代，多以经商为业，少数为官吏、军人从外省进入广西，多数居住在城镇。彝族是在元明时期，从贵州等地迁来桂西，在那坡、隆林等县有彝族的小聚居地。京族是在明代，从越南东京湾的涂山等地迁到今广西防城港。仡佬族是在清雍正年间，从贵州迁入今广西隆林。[2]

1 谢小英主编.广西古建筑（上册）［M］.北京：中国建筑工业出版社，2015：9.

2 黄成授等.广西民族关系的历史与现状［M］.北京：民族出版社，2002：15.

　　在建筑与装饰营建上反映的是一个民族辛勤耕耘、不断创造的结果，也是对其他民族先进文化、生产技术的学习和吸收的结果。移居广西的民族，不仅与当地世居民族学习与交流稻作农业生产技术，在建筑形式与装饰表达上也会相互交流、吸纳、促进。很多时候，同一地区的不同民族建房会找相同的工匠，在建筑材料的使用、空间布局、装饰表现等方面总体有许多相同之处。同时，由于各民族在文化习俗、生产技术和生活习惯上存有不同，因此，在建筑的局部构造和装饰工艺上仍保持本民族的特色。

　　广西少数民族区建筑装饰蕴涵大量社会、历史、文化和艺术要素，独具匠心、多姿多彩的建筑装饰风格透露出广西多元一体的民族结构。

图4-1　牛角形的翘檐，葫芦、雄鸡的正脊装饰，表现出广西各民族信奉"万
物有灵"的稻作文化思想

一、少数民族区传统建筑装饰特征

广西少数民族分散地生活在山区、河谷、山谷、丘陵、平原地带，形成广西少数民族传统建筑装饰多元化的格局。山区民族文化因受外来文化影响较少，单体建筑轻巧通透，体量较小，不如平原地区建筑高大宽敞，视觉效果也不如平原地区建筑那般威严与俊秀，含蓄简朴、纤细秀丽的装饰让山区民族建筑呈现出一种轻巧之感。而桂北、桂东南一带平原、丘陵地区的少数民族建筑装饰多为汉式图案，既反映了中原文化对广西少数民族传统建筑装饰的影响，也反映了广西少数民族对汉文化的认同与吸收。这些独特的文化传统，成为广西少数民族地区传统建筑装饰的重要组成部分，散发出迷人的魅力。

广西少数民族传统建筑装饰多集中在公共建筑上，如风雨桥、鼓楼、戏台，或是衙门、祠堂。这些大型建筑装饰图案精美、技艺精巧、内涵丰富，有着鲜明的民族特色。相比之下，普通民居建筑更多注重居住的使用功能，在装饰上讲求简约与朴实。

（一）屋顶脊饰

温热的气候、充足的光照，加上溪流纵横的江河，使广西各少数民族有着相同的稻作文化。他们信奉"万物有灵"，对日月星辰和动植物有着原始的崇拜。稻作思想反映到建筑装饰上，当地工匠常将屋脊左、右两端处理成向上翘起的牛角形，这不仅表达人们对耕牛的崇拜心理，也预示家里六畜兴旺。有的工匠也会在正脊中心塑葫芦、公鸡或是用瓦片拼合成元宝、铜钱造型，激励村民通过勤劳实现生活富足、财源广进。

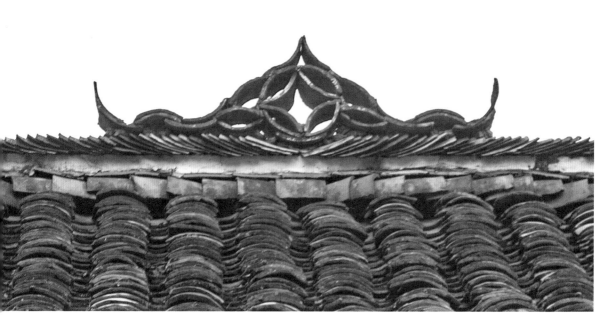

图4-2　广西少数民族地区正脊中心用瓦片拼合成的各式铜钱造型

（二）柱头装饰

　　广西少数民族群众在长期的生活实践中创造了一种用竹木架立梁柱做成的建筑，称为干栏式建筑。干栏式建筑不仅适应了广西大部分山区地势不平的特点，还便于通风防潮、防水避虫。在干栏式建筑中，为节约建筑用地，最大限度地扩大房屋空间，工匠合理运用建筑力学中的杠杆原理，在前檐柱外加入枋木，外端再接一短柱，使楼面向外伸出，楼面之下形成一个可遮阳避雨的檐廊。檐廊下悬空而出的短柱看似突兀，但工匠发挥聪明才智，通过对短柱底端柱头的装饰处理，巧妙地化解了这一难题。

　　在广西少数民族地区，常见的柱头造型有绣球形、莲花形、灯笼形、宝瓶形、瓜瓣形等。最为常见的图案便是工匠使用三角"V"形钢刀上下交替雕刻的瓜棱形。这些装饰形象多取材于自然界中的植物，造型生动，寓意吉祥美好，给原本朴实的干栏建筑增添了一份灵秀与清丽。

图4-3　广西少数民族地区工匠较少受工艺制度的约束，装饰题材表达自由而浪漫，经常会在常规造型上融入一些个人加工元素，因此形成丰富多样的柱头装饰

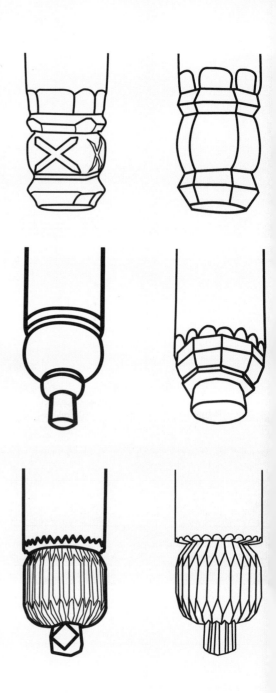

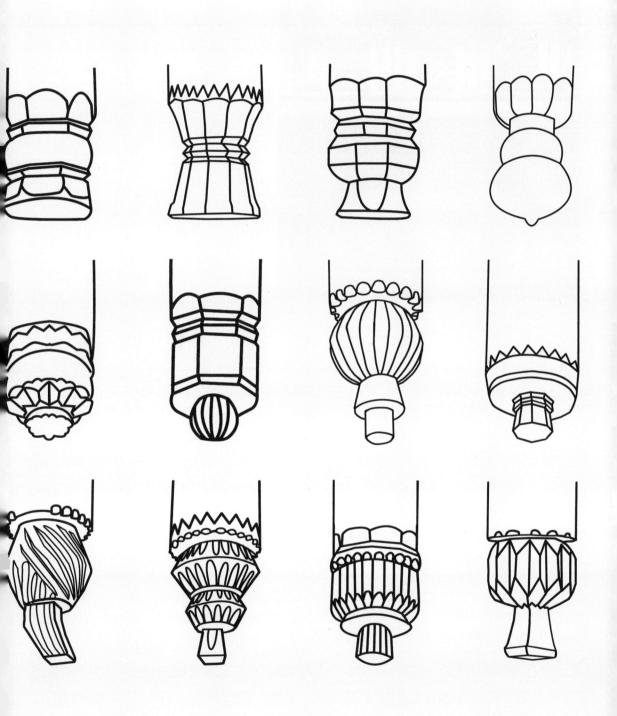

图4-4 民宅里的窗除了通风采光的作用，还有艺术与文化的韵味

图4-5 对受稻作文化影响的广西少数民族来说，没有什么比期盼风调雨顺更直接的愿望了

（三）门窗装饰

窗，有通风采光和防盗的作用，也是使用频率最高、视线最易关注到的建筑构件。对广西少数民族来说，窗还有招财纳福的作用。因此，居住者会用整齐均匀的木条拼合成方格形、菱形、曲回形、米字形或圆弧形等符号性装饰纹样对窗进行装饰。大户人家还会在棂条上嵌以动物、花卉等吉祥类图案，既寄托了主人追求平安富足的生活愿望，又起到美化的作用，给平直单调的建筑增添艺术与文化的韵味。

门，在广西少数民族文化里有迎神御鬼的作用。即使是普通人家的大门，也会在门楣上镶嵌一对木簪，并雕刻简单的太极、乾坤两卦，或是植物、福禄文字图案，既为装饰，又以示辟邪护宅，确保居住平安。

（四）挑手装饰

在广西少数民族传统建筑中，为使屋檐能向外延伸，需要通过挑手结构对檐檩进行支撑。工匠在保证挑手实用功能的基础上，通常会进行夸张的造型处理。

广西曾是大象栖息的家园，南宋范成大在《桂海虞衡志》中的《志兽》篇里写道："兽莫巨于象，莫有用于马，皆南土所宜。"象"惟雄者则两牙。佛书云'白象'，又云'六牙'，今无有"。南宁府曾经还设有"驯象卫"，专门驯养大象进行耕作。在广西少数民族的心里，逐渐形成了对大象力量、聪明与吉祥的认识。加之大象的鼻子与挑手弯曲细长的造型相似，工匠常将挑手装饰成象形。象形挑手的装饰工艺之精巧，线条之流畅，造型之生动，充满了民族特色。

图4-6　西林县岑氏壮宅上的象形挑手，雕刻写实、生动

二、
壮族地区
传统建筑装饰

壮族是我国少数民族中人口最多的民族，而广西是全国壮族人口最多的地区。在明以前，广西大部分地区的居民仍以壮族为主。清代以后，随着进入广西的汉族人增多，并集中分布在桂东平原地区，壮族原住居民或与汉族人交流、融合，或向桂中或桂西南地区迁移。现今壮族主要分布在桂中、桂西南和桂西的柳州、南宁、崇左、河池、百色、来宾等市，以及桂林龙胜等县。

（一）壮族地区传统建筑装饰特征

壮族在广西分布广泛，由于人文、地理环境及风俗习惯存在差异，不同的建筑结构上装饰样式和图案程式差异也较大。如桂北壮文化区，位于云贵高原边沿，山势陡峭，龙胜壮居瓜柱承托檩条的干栏式建筑建于山脚缓坡，全木构架，装饰朴素、简约，多集中在柱头、门窗处；桂中壮文化区，流行花婆节，盛行歌圩，流行壮戏，同时受汉族文化的影响较大，建筑装饰上与湘赣系、广府系装饰相似，在屋面正脊、门窗格扇、木构梁架、柱础门槛等处都有不同程度的装饰；桂西壮文化区，是古代广西通往云贵的重要通道，又是古句町国所在地，隆林、西林一带普通壮族民宅的建筑鲜有装饰，但一些壮族宅第主人或在朝为官，或在外从事商业贸易，所建建筑及屋脊灰塑、檐卜挑手、门窗栏杆等处装饰自然受到汉族审美影响。

图4-7　层层叠叠的梯田与依山而建的壮寨都是人类智慧与汗水的结晶

（二）壮族地区传统建筑装饰实例

1.龙脊古壮寨

龙脊古壮寨位于广西桂林市龙胜各族自治
县和平乡东北部的龙脊村，保存着较完整的壮
族传统聚落，是广西北部壮族干栏式建筑的代
表。古壮寨包括廖家寨、侯家寨、平段寨与
和平寨4个壮族村寨。据村中族谱记载，廖、
侯、潘三个姓氏在此居住已经有六百余年，其
祖先自明代从广西南丹和河池等地迁出，经柳
州进入桂北永福、临桂、灵川、兴安，最后定
居在龙脊。[1]

古壮寨有一老屋，始建于清末同治至光绪
初年间，是龙脊地区现存年代较早的干栏式壮
居，由龙脊地区著名乡绅、廖家寨头人廖金铨
（1801—1882年，九品登仕郎）和廖承翰
（1841—1907年，监生）父子修建。该楼面
阔六间，进深六间。老屋由堂屋与卧室两大功
能空间组成，堂屋是家庭中重要的礼仪场所，
除了安置神台、供奉祖先及神灵，还是会客接
待、家人聚集的公共空间。因此，作为私密空
间的卧室成为屋中之屋，门窗一应俱全。在
窗户装饰上，使用整齐均匀的木条拼合成格子
形，镂空处雕刻吉祥动植物进行重点装饰。

图4-8　龙脊古壮寨的建筑材料采自附近山上杉木，建筑造型
古朴。墙面依据不同楼层功能进行木料拼装，一层用于圈养
牲畜及存放杂物，二层是居室，阁楼用于贮存或存放谷物。
在壮语中，干栏楼和家都称为"ran"。门一般开在居所左
侧，寓意"横财到手"

图4-9　作为私密空间的卧室成为屋中之屋，门窗一应俱全。
在窗户装饰上，使用整齐均匀的木条拼合成格子形，镂空处
雕刻吉祥动植物进行重点装饰

1　谢小英主编.广西古建筑（上册）［M］.北京：中国建
　　筑工业出版社，2015：115.

2.忻城莫土司衙署

忻城莫土司衙署，位于忻城县城关镇西宁街翠屏山麓，建于明万历十年（1582年），主要由衙署厅堂、东西花厅、祠堂、官邸、练兵场、三界庙等主要建筑组成，建筑群总面积约38.9万平方米，是我国现存规模最大、保存最完好的土司衙门。

由于岭南是西瓯、骆越及其后裔壮侗民族聚居之地，而且地域广阔，山重水复，交通闭塞，民情复杂，风俗与汉族不同，中原封建王朝的统治势力鞭长莫及。从秦末汉初的南越王赵佗开始，就采取"和辑百越"的羁縻统治策略，委任越人首领为官，政治上隶属于中央王朝，经济上由其自领其地，自治其民。元朝开始，封建王朝在广西地区设置宣慰司、宣抚司、招讨司、长官司和土州、土县等土司机构，任用当地壮族首领为官，对广西壮民族地区进行管理。明代，广西设置了土府4个、土州41个、土县8个、长官司10个、土巡检70多个、土千户5个，任用土官320多人。[1]

现存的忻城莫土司衙署吸收中原汉族建筑特点，坐南朝北，布局严谨。房屋左右对称，主次分明。衙署正堂、二堂构架与练兵场留存的莲花形覆盆石柱础，有着明代建筑风貌。在建筑屋顶装饰上，将广府系形制与壮族民间艺术进行巧妙结合，正脊虽保留龙船造型，但在纹饰上采用壮民族喜爱的团花元素。刚直的夔龙纹与轻盈的翘檐形成对比，显得自由而富有生机。

最具装饰特色的莫过于衙署与祠堂建筑上仿壮锦图案的镂空花窗。忻城县是广西壮锦的起源地之一，有着悠久的历史和深厚的文化底蕴，忻城壮锦曾作为贡品进献皇宫。在《忻城莫氏宗谱》中记载，明弘治年间（1488—1505年），第三任土官莫鲁提出"锦可学制"；嘉靖年间（1522—1566年），第十任土官莫宗诏的妻子提到"不衣绮罗，惟勤纺织"，可见当时的土司非常重视壮锦的制作与发展，并将壮锦图案运用到建筑的花窗上。花窗虽同为三段式构图，运用壮锦常见的万字纹、回纹为装饰基础，但每座建筑花窗装饰又各有不同，有的重叠交错，有的清新简练，既显示宫廷官府的气派，又体现了壮族织锦艺术风格。

1 黄恩厚.壮侗民族传统建筑研究［M］.南宁：广西人民出版社，2008：21.

图4-10 现存的忻城莫土司衙署吸收中原汉族建筑特点，坐南朝
北，布局严谨。房屋左右对称，主次分明

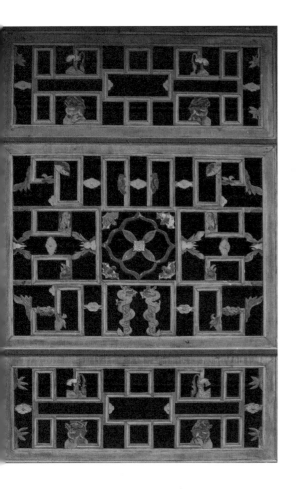

图4-11　花窗虽同为三段式构图，运用壮锦常见的万字纹、回纹为装饰基础，但每座建筑的花窗装饰又各有不同

南阳书院

荣禄第

思子楼

增寿亭

岑氏祠堂

将军庙

岑氏土司府

3.西林县那劳乡岑氏家族建筑群

岑氏家族建筑群位于今广西西林县那劳乡那劳村，由上林（今西林）土司岑密始建于明弘治年间。直至清光绪初年，那劳乡出现了三位重要的政治人物，号称"一门三提督"，他们是云贵总督岑毓英、岑毓宝、两广总督岑春煊。家族的显赫自然表现在他们的建筑与装饰上。

岑式家族建筑群坐西向东，依山傍水，由宫保府、岑氏祠堂、南阳书院、将军庙、荣禄第、增寿亭、思子楼等建筑组成。整个建筑群

占地面积4万多平方米，是桂西壮族地区现存规模最大，保存最为完整的建筑群落。

土司府和旧府都无太多装饰，究其原因，上林土司来到西林后虽说还享有土司的职位，但已经丧失了基本的统治权力，而且没有雄厚的经济实力，因此只留下简单的家宅。到清光绪年间，岑氏家族逐渐得势之后施重金修建的富丽的建筑，无论屋脊、门窗，还是壁画、梁枋，可以清晰地看到建筑装饰由简单到华丽的变化。装饰主要围绕屋檐上下空间以及门窗展开，风格在借鉴广府装饰式样的基础上融入壮文化色彩。

（1）屋脊

岑氏家族建筑屋顶脊饰多为博古式正脊，运用灰塑工艺进行装饰。正脊中心塑广西少数民族地区常见的葫芦形，脊额分段式塑汉式建筑常见的狮子、喜鹊、南方瓜果等形象。

脊眼以夔龙纹为骨架，镂空处以蝙蝠、寿桃等吉祥动物、瓜果补充。由于地处边远山区，工匠很少受到传统装饰制度的约束。虽说装饰题材与汉文化一致，但在造型塑造上自由而浪漫。岑氏祠堂脊眼处躲在夔龙纹后的蝙蝠被塑造成憨态可掬、惹人喜爱的形象。

宫保府

旧府

图4-12　岑式家族建筑群坐西向东，依山傍水，由宫保府、旧府、增寿亭、将军庙、岑氏祠堂、岑氏土司府、思子楼、荣禄第、南阳书院等建筑组成

图4-13　正脊中心塑广西少数民族地区常见的葫芦形，脊额分段式塑汉式建筑常见的狮子、喜鹊、南方瓜果等形象

图4-14　脊眼装饰——躲在夔龙纹后的蝙蝠被塑造成憨态可掬、惹人喜爱的形象

（2）梁架

岑氏家族建筑的梁架装饰主要集中在门外檐梁上，在人们进入大门时抬头可见。装饰多采用博古梁架，与广府系檐梁装饰相似。但不同之处在于夔龙纹线条处理上没有桂东南地区广府系那么纤细繁复，显出一种厚重粗犷之感。夔龙纹内雕刻内容也简化许多，如梁顶蝙蝠造型，仅提炼出形象的外边缘，内部不做过多装饰，体现出壮族人民耿直、大方的性格特点。

（3）壁画

岑氏家族建筑在建筑头门、连廊、厅堂的墙头以及外墙搏风带、山花上大量使用壁画。室内因免于风吹日晒，壁画多以精致的工笔彩绘为主，而室外则以粗犷的黑白水墨为主。

壁画题材多为传说人物、草龙纹、吉祥花卉、瓜果等。特别之处在于，工匠会在壁画颜料底下根据画面内容将灰浆层加厚，产生一种浅浮雕效果。这不仅起到了吸收潮湿空气里水分的作用，更丰富了装饰壁画的表现效果，使画面更具立体感。

图4-15　岑氏家族建筑的梁架没有广府系建筑梁架那么纤细繁复，显出一种厚重粗犷之感

图4-16　南阳书院檐下，工匠在壁画颜料底下用灰浆层加厚，使画面更具立体感

（4）挑手

在岑氏家族的建筑群里，象形挑手被广泛
应用在各座建筑中。前文已说到，大象饱含吉
祥、如意、太平等寓意。除此之外，大象与同
样具有吉祥寓意的鱼、莲花、鼓等造型配合在
一起，共同组成了壮族民居的挑手装饰特色。

（5）窗

窗有通风、采光的作用，同时对建筑的
立面给予装饰处理，这在思子楼上得到充分
的体现。思子楼建于清光绪三十四年（1908
年），是岑毓英之弟岑毓琦为悼念其长子岑景
恒所建。三层建筑在第二、三层前后以窗为
墙，两层窗户布局结构统一，以建筑三开间进
行三段式排列，每扇窗分为楣头、格心、楣座
三段，但每层装饰又略有不同。远远望去，思
子楼犹如一块瑰丽的织锦花布。

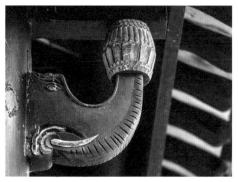

图4-17 岑氏家族建筑群多样的象形挑手装饰

图4-18　远远望去，思子楼犹如一块瑰丽的织锦花布

图4-19　位于溪河两岸的侗族村寨，建筑屋面多用悬山顶或歇山顶，出于遮雨的需要，多重檐成为侗族特有的建筑形式

元宝正脊

桄条花窗

瓜瓣柱头

图4-20　侗族民居建筑表面保留材料本身的色彩，色调清淡雅致，造型比例适度，虚实曲直对比自然，古朴大方

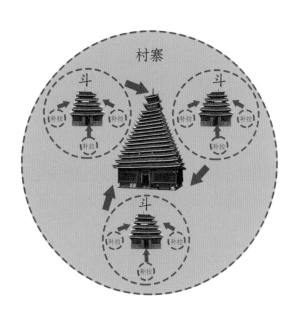

图4-21　侗族的基本宗族聚落由"垛"—"补拉"—"斗"—"寨"组成（根据《广西传统乡土建筑文化研究》制作）

图4-22　走进三江独峒乡林略村，首先映入眼帘的是一座座巍峨高耸的鼓楼矗立在寨子中央的景象

336

三、侗族地区传统建筑装饰

由三江侗族自治县志编纂委员会编，中央民族学院出版社出版的《三江侗族自治县志》中有这样一段描述："侗族族源有三说，一说其祖先是从广西的梧州一带迁到柳州，又迁至榕江流域及黔东南；一说其祖先自湖南洞庭湖畔迁至黔东南一带，再由黔东南进入三江；第三种说法是由江西吉安府泰和县或吉水县迁至湘西，再到黔东南和桂北。"无论侗族从何而来，可以肯定的是侗族是古代越人的后裔。远古时期，越人有许多支系，分布范围很广。侗族与古代越人支系的壮族、布依族、水族、毛南族、仫佬族住地相邻，他们的语言同属于壮侗语族，风俗习惯有许多共同之处。因此，他们是同源的兄弟关系。[1]

（一）侗族地区传统建筑装饰特征

在今天的广西，侗族分布在桂北一带，主要聚居在三江侗族自治县、龙胜各族自治县及融水苗族自治县，其中较多集中于三江侗族自治县，该县侗族人口占广西侗族人口的65%左右。侗族村落大部分分布在山谷与溪河两岸的盆地间。由于侗族村落多绿树环抱，盛产杉木，因此侗族民居几乎都是干栏式建筑，木构架多采用穿斗式。侗族建筑单体体量较大，加之山区多雨，出于遮雨的需要，重檐成为侗族特有的建筑形式，房顶多采用悬山顶、歇山顶或两者的混合样式，正脊两角起翘，正脊中间呈"品"字形摞有三叠瓦片，檐边多涂白色，年代较早的人家还在正门上保留有两枚花形门簪。建筑出挑屋面垂下的瓜柱多有简单的木雕装饰，如瓜棱状、葫芦状以及花瓣状。如此明快简洁的装饰为侗乡的青山绿水增添了独特的人文与灵秀之美。

1 黄恩厚.壮侗民族传统建筑研究［M］.南宁：广西人民出版社，2008：21.

1.鼓楼装饰

作为侗族村寨独具特色的标志性建筑——鼓楼，在古侗语族中称为共（guangl）和百（beenc）。因每栋楼中都置有一面大鼓，用于报警或聚众议事、传递信息，后被称为鼓楼。

在侗族地区，修建气势恢宏、装饰精美的鼓楼是各族姓引以为荣的一件大事。三江高秀村鼓楼序碑文有这样一段描述："大凡侗族村寨，建寨必建鼓楼。在侗民们看来，没有鼓楼的侗寨算不上一个完整的侗寨。所以，在侗民们的意念里，鼓楼就是侗族的神灵，就是侗族的徽章，就是和谐吉祥、兴旺发达、幸福安康的象征。"

据不完全统计，三江境内就有鼓楼一百余座。为何会有如此众多的鼓楼？这与侗族的聚落关系有关。侗族的基本宗族聚落由"垛"—"补拉"—"斗"—"寨"组成，同一个"斗"内拥有共同的墓地、树林、公田等，由"斗"内各户轮流维护，其收入归公共所有，用于修建鼓楼等。"斗"选出族中辈分高、年纪大、见识广且有威望的老人担任族长主持"斗"内事务。"寨"由数个"斗"组合而成，与"斗"一样，"寨"中也有寨老和全寨共同遵守的公约。"斗"与"寨"都以本身这一层级的鼓楼为中心，形成侗寨的基本空间格局，鼓楼组成侗寨的核心与公共活动中心。[1]如果一个寨为多个姓氏或房族居民居住，则寨中还会建有多座鼓楼。因此，当我们走进侗寨，首先映入眼帘的是一座座巍峨高耸的鼓楼矗立在寨子中央的景象。

鼓楼最初的造型源于杉树。侗族人喜欢在巨大的杉树下夏天纳凉歇息，冬天烤火取暖，聚在一起的村民还会进行一些聊天议事、行歌坐月等社交活动，久而久之，便形成了在树阴下进行群体活动的习俗。

随着居住环境的改变，巨大的杉树无法移植，而且不能遮风挡雨。于是侗族村民依照杉树造型，利用干栏的技艺进行建造。他们将高大的杉木砍伐埋地做柱子，采用十字形的方式穿枋，从下至上层层收缩。明代邝露在《赤雅》中记载："以大木一株埋地，作独脚楼，高百尺，烧五色瓦覆之，望之若锦鳞然。男子歌唱，饮啖，夜间宿缘其上，以此为豪。"远远望去，高耸的鼓楼就像一株高大的杉树，飞檐翘角就如同茂密的枝叶向四周伸展，唤起了人们对大自然的礼敬之情。如今的鼓楼仍然是侗族人民聚会、娱乐、休息、聊天的公共场所。如遇到重大事项，村寨头人会召集村民到鼓楼集中议事，并做出决断。因此，鼓楼又是一个村寨权威的象征和政治活动的中心。

我们现今所能看到的鼓楼建筑层数皆为奇数，层数一般为7—11层，这与汉文化中以奇数为阳的观念相同。受汉文化影响，侗族工匠在造型处理上吸收宝塔的样式，楼顶为密檐塔式样，顶端塑葫芦形，每一角的凸出部分做飞檐翘角，尖角部分塑凤鸟形，抬头仰望，仿佛成群的鸟栖息在杉树枝头。

1　覃乃昌.广西世居民族［M］.南宁：广西民族出版社，2004：127.

图4-23　高耸的鼓楼就像一株高大的杉树，飞檐翘角就如同茂密的枝叶向四周伸展

图4-24　鼓楼尖角部分塑凤鸟形，抬头仰望，仿佛成群的鸟栖息在杉树枝头

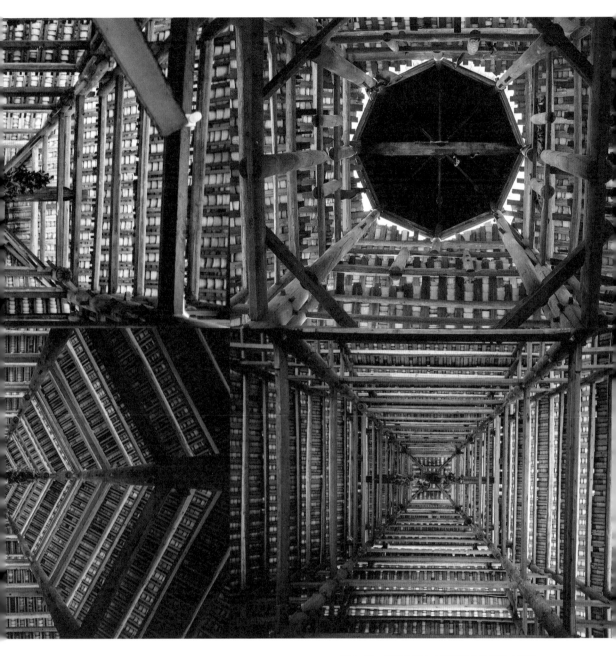

图4-25 鼓楼内部令人惊叹的蜘蛛网状木结构

侗族崇拜蜘蛛，并形成了特殊的文化内涵。在侗乡流传的始祖母神系中，有一个名叫"萨巴隋俄"的人，隋俄，侗语为蜘蛛，萨巴隋俄，全称就是蜘蛛祖母。因此，蜘蛛在侗族人心中就是萨巴隋俄的化身。侗族人见到蜘蛛，认为是平安喜庆的吉祥象征。在侗锦绣中蜘蛛纹十分普遍，表现形式多种多样，既有抽象的，也有接近真实形象的。大人常在小孩的身上挂一个蜘蛛纹的包或是在背带上绣上蜘蛛纹，以保佑孩子身体健康，免受疾病侵袭。

蜘蛛结网的结构同样影响到鼓楼内部结构与装饰。当走入鼓楼，抬头仰望，楼体依内部结构不同，呈四边形、六边形或八边形式样，密密麻麻的大小枋条纵横交错，层层支撑而上，像极了蜘蛛织的网。无论最初的单柱结构，还是发展出来的多柱结构，柱与枋的合理牵引，承重力的合理分布，任凭风吹雨打，鼓楼仍然坚实牢固。

图4-26 蜘蛛网状视觉来自鼓楼不同立柱支撑方式（根据《广西传统乡土建筑文化研究》制作）

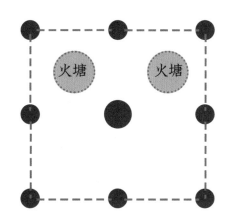

独柱鼓楼平面

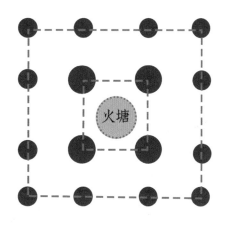

四角鼓楼平面

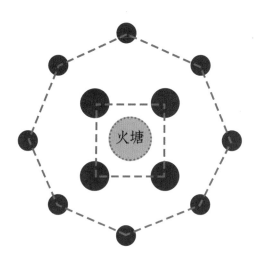

八角鼓楼平面

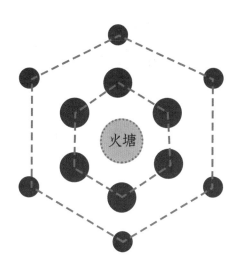

六角鼓楼平面

图4-27　三江侗族自治县最有代表性的风雨桥当数林溪镇程
阳风雨桥

2.风雨桥装饰

侗族是一个以稻作农业为生的农耕民族，聚居在丘陵山区。这里群山绵延，丘陵起伏，溪河纵横。每当雨季来临，溪水暴涨，水面变宽，给村民的生产、生活与交通带来了极大的不便。只有架设桥梁，才能跨越溪水，到达彼岸。于是，侗族居民就地取材，利用当地丰富的石材和竹木材资源，在溪河上架设各种跨度不一、材质和形式不同的桥梁。

侗族对桥有原始宗教方面的信仰崇拜，认为人的灵魂一定要经过一座桥，才能来到人间；桥建得越雄伟壮丽，村寨的人丁便越兴旺；桥还能够把河上游的财气、福气拦截聚积起来，使村寨风调雨顺、五谷丰登、富足安康。[1]工匠在将桥体体量变大的同时，还考虑到桥的实用功能与美观性。于是，一种集行走过河、遮阳避雨、休歇纳凉、美观别致于一身的桥出现了，因其有遮风挡雨的独特功能，人们称之为"风雨桥"。

广西侗族地区风雨桥所用木材来自附近山林的优质杉木，桥墩石材来自当地出产的青砂岩。侗族工匠将亭、廊、桥巧妙地统一融入风雨桥的构造之中，造型美观，结构合理，风格各异，工艺精巧，成为侗乡重要的标志性建筑，是侗族精湛的木构工艺与装饰技艺的典型代表。

三江侗族自治县最有代表性的风雨桥当属林溪镇程阳风雨桥。程阳桥长64.4米，宽3.4米，高10.6米。1985年5月广西大学土木系周霖撰写永济桥修复记，对程阳风雨桥做了详细介绍："宣统辛亥，程阳乡（属广西之三江侗族自治县）陈栋梁、杨唐富等十二首士倡议募金，兴建永济花桥。阅十年，乃竣工。

丁丑五月，曾遭洪水，西端半桥，坍圮摧毁。程阳父老，共襄义举，历时十二年，修复旧貌。永济桥横跨林溪河水，勾连湘桂古道，石墩木面，青瓦白戗，重檐叠翅，耸亭长廊。层叠托架，举巨杉以作桥体；围砌料石，填泥砾而为墩基。墩森五亭，间设四廊，干栏构造，穿斗柱枋。歇山亭台，挑悬柱而成体系；攒头墩楼，抬雷柱以为构框。其桥型，称翅木桥之代表；其建筑，集侗族技艺之大成。桥梁史上，乃征独特桥式，而显居要位；建筑学中，更因特异风格，而素享盛名。"

程阳风雨桥桥体上有5座四重密檐桥亭，亭与亭之间通过双斜坡式瓦顶桥廊进行连接。正中心桥亭为重檐六角攒尖顶，左、右两侧为四角攒尖顶，最外边两侧为歇山顶式。密檐式的歇山亭屋檐高翘，曲线流畅而富有律动，与连廊直线桥体形成曲直上的对比，节奏的变化给人以赏心悦目的美感。

程阳风雨桥在各类装饰的点缀下显得庄重，富有生机。攒顶式的桥亭装饰与鼓楼相似。顶尖塑以侗族崇拜的葫芦，翘檐顶部塑有站立的雀鸟。桥亭和廊部封檐板处用白色灰浆涂抹，檐板两侧使用红、黄、绿三色描绘卷云纹。封檐板不仅能起到固定檐瓦、防止覆瓦移动的作用，同时，白色与黑灰色瓦片、木栏形成强烈对比，突出风雨桥优美流畅的线条。廊桥正脊中心仍饰葫芦造型，两端受汉文化影响，加入鳌鱼形象，以求护脊消灾。

....

1 黄恩厚.壮侗民族传统建筑研究［M］.南宁：广西人民出版社，2008：108.

图4-28 攒顶式的桥亭装饰
与鼓楼相似。顶尖塑以侗族
崇拜的葫芦，翘檐顶部塑有
站立的雀鸟

图4-29 侗寨戏台前载歌载
舞的村民

3.侗族建筑装饰图形

侗族建筑装饰涵盖了动物、瓜果、人物等吉祥图案。这些图案装饰不仅使侗族建筑锦上添花，又为其注入了民族文化的内涵，更体现了侗族人民热爱生活与拥抱自然的情怀。

图4-30　侗族建筑装饰中常见有凤凰、仙鹤与雀鸟的造型出现在建筑顶端、翘檐处

侗绣鸟纹（根据《侗族服饰艺术探秘》制作）

（1）凤鸟形

侗族自古有着"敬鸟如神、爱鸟如命"的传统。在侗族传说中，汹涌的洪水毁灭了世间万物，幸存下来的侗族始祖由凤凰召集百鸟抚养而成。因此在侗族建筑装饰中，常见有凤凰、仙鹤与雀鸟的造型出现在建筑顶端、翘檐处。

（2）龙形

侗族先民吸收和继承了华夏先祖的龙蛇图腾文化。崇拜龙的习俗很早就出现在侗寨中，被广泛运用到侗族建筑装饰里。工匠在鼓楼的门头、翘檐，或是风雨桥的正脊常堆塑龙形。但与象征封建帝王神圣、威严的龙形不同，侗乡的龙是吉祥神灵的象征，造型古朴可爱、亲切和善。

图4-31　与象征封建帝王神圣、威严的龙形不同，侗乡的龙是吉祥神灵的象征，造型古朴可爱、亲切和善

侗绣龙纹（根据《侗族服饰艺术探秘》制作）

（3）葫芦形

在侗族传说中，侗族始祖乘坐葫芦在波涛汹涌的洪水中获救，从此生息繁衍。因此，在侗乡，人们将葫芦视为平安、繁衍的吉祥神，工匠将葫芦造型塑造在鼓楼、风雨桥屋顶，或是民宅护栏上，象征此地为吉祥宝藏之地。

图4-32　侗绣葫芦纹。侗族居民将葫芦视为平安、繁衍的吉祥神（根据《侗族服饰艺术探秘》制作）

（4）金钱图形

金钱图形，来自古代铜钱样式，象征富贵与财富，常用于侗族民居建筑屋顶正脊中心位置，意在祈求家庭富裕、兴盛发达。

图4-33　侗绣金钱纹，常与花瓣相结。金钱图形，来自古代铜钱样式，象征富贵与财富

（5）如意云形

如意云纹在各地建筑装饰中应用甚广，象征吉祥如意，体现着中华民族审美心理的普遍倾向。

图4-34　侗绣如意云纹。如意云纹在各地建筑装饰中应用甚广，体现着中华民族审美心理的普遍倾向

（6）鱼形

侗寨多依山傍水，临近溪流。无论养鱼、捕鱼还是煮鱼、食鱼，都有着独特的方式，形成丰富多彩的鱼文化。在侗寨鼓楼、风雨桥翘檐、正脊等处，会用灰塑塑造鱼形进行装饰。

图4-35　侗绣鱼纹。侗寨多依山傍水，临近溪流，形成丰富多彩的鱼文化（根据《侗族服饰艺术探秘》制作）

（7）人立马身形

马在侗族人的社会生产和日常生活中发挥了重要的作用，最突出的莫过于马在山涧溪谷中快速灵活的运载能力。至今在三江侗寨仍保留斗马的民间娱乐活动，通过斗马显示家庭的财富与实力。在建筑上，侗族人也常以抽象马形做装饰元素，描绘人立马身的生动的侗乡生活场景。

图4-36　侗绣人立战马纹。描绘人立马身的生动的侗乡生活场景（根据《侗族服饰艺术探秘》制作）

（8）踩歌堂形

踩歌堂，也称"多耶"。每年正月，侗寨男女都要身着盛装，聚集于鼓楼坪或"萨岁"坛前。他们手牵手，围成圆圈，一边唱着侗歌一边跳起整齐而有节奏的舞蹈。舞蹈模拟日常劳作和自然万物，舞姿抒情而有韵律感。

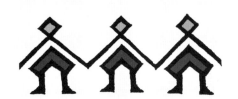

图4-37　侗绣踩歌堂纹。踩歌堂形，表现古代侗乡祭祀或节日舞蹈的场面（根据《侗族服饰艺术探秘》制作）

（二）侗族地区传统建筑装饰实例

1.三江侗族自治县高秀村

高秀村位于三江侗族自治县林溪镇东北部，与湖南省通道侗族自治县毗邻，地处定同山、成修山、别冲山、修介山与双冷山围成的山谷之中，四面环山，地势平坦。村子由高秀屯和马哨屯两个自然屯组成，居住着近2000名侗族村民。据传高秀村建寨已有三百多年历史，村里最古老的姓氏是向、吴、杨三姓。听当地老人说向家人是最早来到这里定居的；吴家约在380年前由汉口迁来，还有一说是从湖南或江西搬迁来的；杨家在二百多年前由江西泰和县迁来。[1]现在全村共有向、吴、杨、谢、陈、石六姓，他们在村中共同耕作，和谐相处。

在村外的山坡上，杉木、楠木、毛竹等生长茂盛，为居所的建造提供了大量建筑材料。高秀村同一姓氏的村民常聚居在一起，房屋选址基本顺应山势地形面向山谷而建，依山傍水，错落有致。民居建筑上较少进行装饰，较有财力的人家也仅对重要转角处柱头进行装饰，样式多为瓜棱形。

较多的装饰集中体现在村中的鼓楼与风雨桥等公共建筑上，高秀村目前共有大小鼓楼9座，风雨桥3座。规模最大的要数位于寨子西部的高秀中心鼓楼，鼓楼为19层，27米高，攒尖顶式。最初建于道光辛巳年（即道光元年，1821年），为5层瓦檐。不幸的是，在建后20年的辛丑年末（即道光二十一年，1841年），寨子发生大火，鼓楼毁于一旦。直到21世纪初始，在高秀寨老多次倡议下，于丁亥年（2007年）农历九月九日动工重建高秀鼓楼，以纪念祖宗先民，赞誉太平盛世。根据鼓楼前碑文记载，建造鼓楼共使用木料一百多立方米，历经一年建成。鼓楼巍然挺立，气势雄伟。受到古越龙蛇图腾文化的影响，工匠有意将鼓楼建造成一条完整的龙的符号形象。鼓楼塔顶就是龙头，鳞鳞的青色层檐瓦片如龙身甲片。在这里，鼓楼代表的是一条守护侗寨的卧龙。鼓楼翘角重檐，雕梁画栋，自上而下层层叠叠，又似宝塔。鼓楼层檐十九，尚含"十拿九稳"地理乘数和"永久无穷"时空理念。平面下十六层为四角，顶上三层为八角，暗喻四季平安、八方进财。顶上葫芦串珠，暗喻侗寨子孙万代，繁衍不息。楼中雷公柱、四根主承柱、十二根檐柱，分别表示一年四季、十二个月，象征天长地久、万世流芳。

图4-38　巍然挺立，气势雄伟的高秀中心鼓楼

1　孙华.广西侗族村寨调查简报［M］.成都：巴蜀书社，
2018：3.

图4-39　依山势而建的民居建筑上较少进行装饰，较有财力的人家也仅对重要转角处柱头进行装饰

图4-40 河谷间的平岩村富饶而美丽

2.三江侗族自治县平岩村

平岩村位于三江侗族自治县东北端，下辖平寨、岩寨、马安寨、平坦寨四个自然屯，31个村民小组，土地总面积约5.53平方千米。平岩村以杨、吴、陈三姓居多，另有少数张、梁、程姓。根据平寨鼓楼的修建历史以及村民家中所修订的家谱推测，平岩村应有200年以上的历史。

平岩村内传统建筑多为三层木构干栏式，面阔三间，但也有很多建筑的进深和面阔是根据实际地形而调整的。建筑的主体梁柱部分大多使用宽大杉木制成，少部分使用荷木。木材多是自家所种，往往使用树龄达三四十年以上的杉木，这样的木材结构致密，不需要做过多的处理就可以使用。所用木头简单涂抹桐油以增强防水效果，并保持其原有的色泽。

平岩村每个寨子中至少有一座鼓楼，是村民聚会议事、老年人乘凉聊天的社交之所。平寨鼓楼是三江侗族自治县境内年代最久的鼓楼，始建于清嘉庆年间（1796—1820年），建成于道光元年（1821年）。鼓楼的主柱、穿枋由坚硬的荷木建造，悬山顶，二层重檐，两侧有飘檐，三开间，面阔9.2米，深6.2米，高6.7米。楼内正中悬挂有一块道光元年木雕横匾一块，正楷书写着"世泽绵长"四个大字。枋条隐约雕刻着的双龙戏珠、高士人物等。工匠以刀代笔，用线的方式勾勒出形象，刻画的人物线条疏朗飘逸，有着强烈的高古之风。线条之内，以传统红色、黑色、白色填

充，虽然许多图案细节已损毁，但仍能感受到平寨鼓楼庄重典雅的气质。

林溪河上，有一座连接平寨与岩寨的两墩三跨式风雨桥，名叫"合龙桥"。因为桥的前面是大龙山，侧面是青龙岭，后面是防龙坡，桥下的溪水叫白龙水，四龙会合，故而叫"合龙桥"。

合龙桥始建于清代嘉庆十九年（1814年），由平岩村的四个寨子共同修建。桥长约42.8米，宽约3.78米，桥下部分为两座青石垒砌的六角船型桥墩，以减少洪水冲力。桥面之上建有2座木质梁柱凿榫结构的塔阁式桥亭、14间桥廊，桥亭与桥廊正脊处以瓦片拼合成金钱与元宝形。桥亭内设有神龛，北侧桥亭供奉判官、魁星；中间桥亭内供奉关羽，旁边为关平与周仓；桥门内供奉关羽。桥门处悬挂有一匾额，设计巧妙，工匠在匾额的面板上纵向镶嵌一排小木板并书写文字，从不同方向观看，文字内容各不相同。正向可视"合龙桥"三字书写于匾额面板上，而偏向左侧为"飞架东西"四字，偏向右侧则为"龙骧碧水"四字。[1]

1　孙华.广西侗族村寨调查简报［M］.成都：巴蜀书社，2018：3.

图4-41 平岩村民居中各式柱头装饰

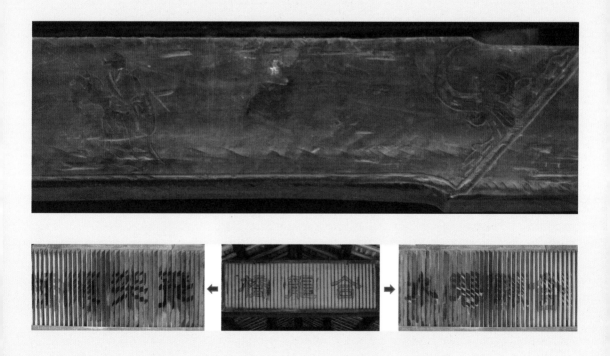

图4-42 工匠以刀代笔，用线的方式勾勒出形象，刻画的人物线条疏朗飘逸，有着强烈的高古之风

图4-43 合龙桥匾额从不同方向观看，文字内容各不相同

图4-44　林略村屋宇高低错落，鳞次栉比，与曲线优美的梯
田形成一幅美丽的风景画

3.三江侗族自治县林略村

　　林略村地处贵州、湖南、广西三省交界处，位于桂北三江侗族自治县西北面，早期的村民相传是明朝万历年间由湖南、贵州等地迁徙而来的。不同于其他建于山谷中的侗寨，林略村整个村子建在半山腰上，村下便是层层叠叠、高低错落的梯田。远远望去，只见村中屋宇高低错落，鳞次栉比，与曲线优美的梯田形成一幅美丽的风景画。

　　林略村有一造型独特的鼓楼，名叫"林略花鼓楼"。花鼓楼由戏台与鼓楼两者结合而成。对"饭养身子歌养心"的侗家人来说，唱歌与唱戏是重要的民俗审美活动。绝大部分侗族村寨均建有戏台，大的村寨更是建有多座。因此，戏台与鼓楼、风雨桥、吊脚楼、古寨门一起成为侗族传统建筑装饰艺术的重要载体。林略花鼓楼上半部分是鼓楼造型，四角高翘的屋顶"如鸟斯革，如翚斯飞"；底座是戏台，集合村民聚会议事、聊天休闲、戏曲表演功能。台前额枋板上彩绘龙凤呈祥、缠枝花鸟等，戏台正额重点绘制传说神仙戏曲。前台两侧立柱书写对联、诗词，瓦脊中央翘角上塑有二龙抢宝、仙鹤灵立等彩塑。侗族工匠将建筑、彩绘、雕塑、诗词艺术巧妙融入花鼓楼中，精美而别致。

　　农闲时节，寨民以侗族民间故事为题材，自编自演侗戏登台演出。台下小广场与戏台木柱底架都站满看戏的村民，热闹至极。遗憾的是，该村在2009年遭受了一场大火，独具侗族建筑特色的林略花鼓楼也化为灰烬。

图4-45　未烧毁前独具侗族建筑特色的林略花鼓楼

四、瑶族地区传统建筑装饰

广西是我国瑶族的主要聚居地，广西瑶族人数占全国瑶族总人数的56%以上，分布在西金秀、都安、巴马、大化、富川、恭城、龙胜等地。

隋唐时期，居住在湖南长沙、武陵、零陵、巴陵、桂阳、衡阳一带的瑶族由于受到当地统治者的压迫，加上天灾兵祸以及传统经济生活需要，逐步向南迁徙，进入广西东北部，一部分定居于今桂林所属各县以及融安、融水等地，一部分继续向西，到达广西西北部山区。直至明代，广西成为瑶族的主要聚集地，瑶族人口已占广西全省人口的30%。由于瑶族的频繁迁徙，其在广西的分布比较分散，常夹杂在汉族、壮族或侗族的村寨之间，形成"大分散、小聚居"的格局，诞生出"茶山瑶""红瑶""过山瑶""白裤瑶""蓝靛瑶""土瑶"等众多支系。

瑶族是最为典型的山居民族。早在秦汉时期，便有史书记载，瑶族人"好入山壑，不乐平旷"。他们的建筑几乎都建在高山上，有着"南岭无山不有瑶"的说法。瑶族居山传统的形成与其对始祖盘瓠的崇拜有关。据瑶族民间普遍流传的珍贵历史文献《评皇券牒》记载：盘瓠原为古时候评皇的一只"龙犬"，因帮评皇谋杀敌对的高王有功，得赐予"三公主"成婚，评皇"着鼓乐欢送夫妻二人入会稽山（浙江）内即起造房屋居住，永属深山藏身养生"。后盘瓠与"三公主"生六男六女，评王闻知喜之，即刻传下敕旨，敕封盘瓠为始祖盘王，敕赐六男六女为王瑶子孙，准令王瑶子孙"途中逢人不作揖，过渡不费钞，见官不下跪，耕山不纳税。凡采取所属山源，离山三尺，庈水不上之地，山场俱系瑶人所管，蠲免国税"。据此，瑶族民间普遍认为他们居山、"耕山"、管山乃属"皇赐"，自古如此。[1]

图4-46　瑶族建筑几乎都建在高山上，有着"南岭无山不有瑶"的说法

1　覃乃昌.广西世居民族［M］.南宁：广西民族出版社，2004：77.

（一）瑶族地区传统建筑装饰特征

瑶族传统建筑装饰风格与文化特征既体现在整体建筑的造型上，也反映在建筑构件的营造工艺及装饰的图案花纹方面。瑶族人口数量相对较少，经济实力偏弱，为适应所在地的自然环境，与周边民族和谐共处，积极与广西土著文化和汉族文化相融。瑶族工匠通过不断摸索，将其他民族优秀营造技艺融合到本民族传统的建筑营造之中，使之既包含其他民族建筑特点及文化成分，又不乏本民族的风格，呈现出"近壮则壮，近汉则汉"的特点。如龙胜龙脊山区里的红瑶，其建筑与附近壮族村寨中的干栏式建筑相近；又如桂北恭城、富川的平地瑶，由于地处中原汉文化传入广西重要途经之地，因此建筑装饰汉化程度较高，出现多文化元素融合的现象。

（二）瑶族地区传统建筑装饰实例

1.金秀镇金秀屯

我国著名人类学、社会学家费孝通先生说过："世界瑶族研究中心在中国，中国瑶族研究中心在金秀。"金秀的瑶族中有盘瑶、茶山瑶、坳瑶、花蓝瑶和山子瑶5个支系，是世界瑶族支系最多的县份和瑶族主要聚居区之一。

金秀屯位于金秀镇六拉村委，为茶山瑶典型村落。村中建筑排列整齐，民宅大多共用一面山墙，依次连接成排，每排少则六七户，多则十来户，形成一个封闭的空间结构。金秀屯民居装饰集中在大门处，建筑正面有造型考究的吊楼，紧靠吊楼内侧房间是未婚女子与情人约会的地方，也是姑娘绣花织锦的处所，距离地面约2米。当地瑶族青年男子来找姑娘谈情说爱时，不是从大门进去，而是从大门外爬上吊楼。

明清时期，木雕装饰盛行，木雕技艺也传入瑶乡，很快成为金秀屯建筑装饰的重要技艺。作为家庭的权势、社会地位和经济实力的象征，门成为金秀屯瑶族民居装饰的重要体现。瑶族居民在齐腰高的栅栏门板上雕刻各式各样的动植物图案，并在门上悬挂镂空雕花匾额，浮雕、透雕、镂雕技艺纯熟，图案造型独特。在雕刻完成后，工匠还会涂上高饱和度色料，浓烈色彩在深红色大门的映衬下光彩夺目。

图4-47 工匠还会在瑶族民居栅栏门板与扁额装饰雕刻上涂高饱和度色料，浓烈色彩在深红色大门的映衬下光彩夺目

图4-48 金秀屯里富丽堂皇的瑶族民居大门与吊楼

2.龙胜龙脊大寨

龙脊大寨村位于龙胜和平乡，大寨村中98%的人口是红瑶。"红瑶"，是瑶族中的一个支系，因穿红色服装而得名。这里的红瑶妇女擅长织绣，层层叠叠的挑花图案，就如同一行行的文字，记录着瑶族人的生命历程。

生活在湘楚地区的瑶族迁入龙胜山区后，深受当地邻近壮侗民族寨子影响。根据山地农业的特点，遵循少占耕地或不占耕地的原则，选择干栏式建筑依山势而建。整个村寨以溪流为中心，如叶脉般向周围发散开来，最终发展为完整的聚落。用山中优质、厚实的杉木搭建而成的干栏式建筑，基本结构呈现出与壮侗干栏大同小异的特征。大寨村中建筑相邻而建，排列疏密有致。远眺山寨，一座座干栏建筑矗立山间，其势若飞，与梯田融为一体。

图4-49　红瑶村民勤劳、朴实，身上所穿的红色织绣服饰图案记录着瑶族人的生命历程

图4-50　大寨建筑相邻而建，排列疏密有致。远眺山寨，一座座干栏建
筑矗立山间，其势若飞，与溪流、梯田融为一体

由于用地面积有限，大寨中的干栏建筑常在二层及以上向外做90厘米左右的出挑，形成层层出挑的结构。通过出挑可以充分发挥木材的抗弯性能，不仅扩大楼层使用面积，获得额外的使用空间，还能在多雨的山区为下层墙面遮挡雨水。

龙脊红瑶大寨建筑，虽同为干栏式木构，但吊柱下的柱头装饰却有所不同。与侗寨单体建筑整齐划一的柱头装饰有所不同的是，在红瑶大寨中的单体建筑上，每根吊柱柱头装饰造型各异，工匠会对每根吊柱柱头施以红和绿、蓝和黄的对比颜色，增强其装饰性。

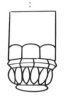

图4-51 龙脊红瑶大寨单体建筑上的每根吊柱柱头装饰造型各异，并施以红和绿、蓝和黄的对比颜色

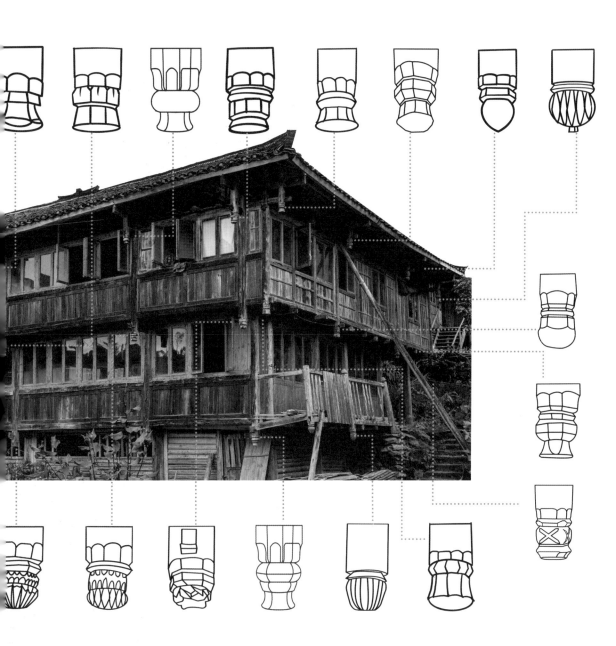

3.富川瑶族自治县福溪村

潇贺古道，连接着湖南江华与广西贺州。南北往来的商贾通过潇贺古道进入西江，直抵东南沿海的珠三角地区。位于富川瑶族自治县朝东镇东北部福溪村，正位于潇贺古道末端，这里是湘、桂、粤三省交界处的瑶族聚居地带。古道上频繁的贸易往来带来的文化碰撞与交融，使福溪村形成了别具"瑶风楚韵"特色的砖木结构民居建筑与装饰风格。

福溪村背山面水，以青石板大街为主干道成带状串联起整个村寨。位于主干道东侧的民居以"一姓一门楼"的形式构成13个成团聚居点，庙宇、戏台、风雨桥、门楼、祠堂、民居等一应俱全。青石板街上有多处天然石，当地人称之为生根石。居民并未对石头进行雕凿，而是依石形建造房屋，显示出人与自然和谐共存的关系。

图4-52　福溪村独特的生根石，显示出人与自然和谐共存的关系

灵溪庙，又名百柱庙、马殷庙、马楚都督庙、濂溪庙，是中国南方瑶族地区最具特色的宋式木构古建筑。其主殿始建于明永乐十一年（1413年）。明弘治十二年（1499年），改建成全木柱的大庙。清康熙十五年（1676年）重修建造，嘉庆丙寅年（即嘉庆十一年，1806年）做边修葺。同治六年（1867年）扩建南北两侧穿斗式耳房，周围增设柱栅，填平两边水塘扩建成为广场，建造戏台与古庙交相辉映，形成现有规模。现在，前殿脊桁下仍保存有"康熙十五年……重修建"的墨宝。[1]

灵溪庙供奉汉代名将马援之后马殷，人称马楚大王。马殷（852—929年），字霸图，自唐末起割湖南，后梁开平元年（907年）梁太祖朱温封马殷为楚王，定都长沙，其当政的三十多年里，富川瑶族自治县福溪一带匪盗为患，民不聊生。马殷率兵远赴油沐、富川，亲征除匪平乱，使油沐、福溪一带的百姓得以安居乐业，深得当地瑶族人民敬仰与爱戴。心存感激、知恩图报的村民在其死后大兴土木，立庙供奉祭祀。

1　熊晓庆.百柱庙：岭南宋式木构建筑代表——广西木制建筑欣赏之七［J］.广西林业，2015（3）：26—28.

375

图4-53　灵溪庙是中国南方瑶族地区最具特色的宋式木构古建筑

图4-54　灵溪庙由124根木柱组成，因此，又称为百柱庙

灵溪庙的建筑与装饰具有强烈的地方特色：首先，在木结构上，将北方常用的抬梁式与南方常用的穿斗式两种构造形式混合运用。主殿中路采用抬梁木构架的形式，两边的侧廊则用穿斗式木构架。两者梁枋纵横交错，结构复杂，衔接巧妙，形成一个坚固的建筑整体。当地工匠描述其为："抬梁放中间，穿斗放两边，两式混合为过渡，不怕风雷震崩天。"

其次，灵溪庙高6.13米，进深21.94米，面阔20.84米。由直径20—38厘米的粗直圆木立柱与吊柱、托柱，共124根木柱组成，因此，又称为百柱庙。浑然大气的格木（铁力木）支撑托起整座庙宇，显示出强大的力量。格木柱下石柱础，借鉴了宋代建筑装饰的营造法则。宝装莲花形柱础尺寸较大，造型厚重。还有的柱础在覆盆莲花瓣上加入鼓形或八方基座，基座每面浮雕吉祥动植物，有莲花、鱼、水草、仙鹤、狮、虎、凤等图案。

最后，灵溪庙在梁枋、斗栱、枨墩等木结构上沿袭宋式建筑装饰风格及手法。抬梁上的枨墩和檐枋下的雀替采用卷草形雕花工艺，体形轻巧，雕刻精湛，线条生动，与粗犷的立柱和梁枋相比，显得精致夺目。宽大的梁枋上，约有40平方米的彩绘装饰，其中除约10平方米彩绘为1986年重绘外，其余的仍保留着明朝原绘，彩绘题材多为古代戏曲英雄故事。根据前人研究，彩绘颜料全部是无机矿物颜料。其中，红色是朱砂；蓝色是石青和青金石；绿色是石绿；黑色使用的是墨；白色颜料较为丰富，有白铅矿、硫酸铅矿、白垩、石膏、硬石膏。绘制工艺是先在木质构件上涂刷一层白色底层，该白色底层使用了加胶的白铅矿粉末灰浆，然后在这白色底层上绘制图案。[1]

1 郭宏，黄槐武，谢日万，蓝日勇.广西富川百柱庙建筑彩绘的保护修复研究［J］.文物保护与考古科学，2003（11）：31—37.

图4-55　灵溪庙在梁枋、斗栱、柁墩等木
结构上沿袭宋式建筑装饰风格及手法

图4-56　有的柱础在覆盆莲花瓣上加入鼓
形或八方基座，造型厚重、质朴

五、苗族地区传统建筑装饰

　　苗族是一个历史悠久的民族，其历史可追溯到逐鹿海河流域、黄河中下游的蚩尤九黎。《国语·楚语》谓："三苗，九黎之后也。"明田汝成《炎徼纪闻》："苗人，古三苗之裔也。"[1]苗族在不同的历史时期经过长途迁徙，从湖南、贵州、云南等地迁入广西。

　　在广西，他们最初迁到今融水苗族自治县境内的元宝山周围，另一部分则沿着黔南不断向西迁徙。到了明末清初，有一部分迁到南丹县山区，有一部分则从黔西南迁到今隆林各族自治县境内的德峨山区。现苗族分布于广西柳州融水、三江，百色隆林、那坡、田林、乐业，桂林龙胜、资源等县。

　　与广西其他少数民族相同，苗族多居住在山区。青山环抱、绿树成阴的环境，使苗族人形成对自然崇拜的感情。苗族被众人称为"花一样的民族"，他们崇拜枫树、蝶母和鹊宇鸟。苗族认为枫树心孕育了蝴蝶妈妈，蝴蝶妈妈与泡沫结合生下了12个蛋，其中一个蛋孵出了苗族的始祖姜央，因此苗族人民特别敬奉枫树和蝶母。据说，苗族每迁徙一地都要先种枫树，枫树种活即可定居，否则再迁异地。[2]

....

1　过竹.苗族源流史［M］.南宁：广西人民出版社，1994.

2　朱慧珍，贺明辉.广西苗族［M］.南宁：广西民族出版社，2003：88.

图4-57 苗族多居住在山区,青山环抱、绿树成阴的环境,
使苗族人形成对自然崇拜的感情

（一）苗族地区传统建筑装饰特征

对自然的崇拜使苗族人在一定程度上形成了人与自然共存的微妙关系。我们常说"人定胜天"，但在苗族人这里，他们对自然的敬慕和依赖超过了对自然的改造和征服。这些朴素的自然观成为苗族人生活和艺术创造的基础。这些生态意识贯穿苗族人整个发展过程和生活所在的空间，苗族人在苗族文化的滋养之下产生了许多动听的音乐、多姿的舞蹈、精美的服饰以及华丽的银饰。

在苗族服饰刺绣、银饰图案中，至今还保留着大量花草鱼虫、飞禽走兽等与自然有关的图案。例如在百色隆林的苗族，共有六个分支——素苗、清水苗、红头苗、白苗、偏苗、花苗，他们服饰和图案各具特色。

与光彩夺目的苗族服饰相比，苗族建筑却显得十分简朴。苗族民居依山势而建，顺应环境安排建筑与环境的关系，将建筑与自然环境和谐地融为一体。桂西苗族村寨受邻近其他民族建筑的影响，为地居式建筑，而在桂北山区的苗寨，主体与壮、侗建筑相近，为干栏穿斗式。苗族建筑青瓦屋顶，比例和谐、造型轻盈。苗族建筑装饰同样朴实简单，仅在门窗、屋脊、挑手、柱头处进行装饰，且装饰纹样多为简单几何图形，这与汉族地区繁复的装饰图案形成强烈的对比。

图4-58　苗家孩子从小就被精美绝伦的装饰包裹着，如花般头饰上的小神兽守护着孩子的健康

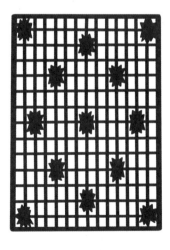

（二）苗族地区传统建筑装饰实例

1.融水苗族自治县雨卜村

雨卜村位于融水苗族自治县香粉乡，地处元宝山南麓，海拔600米，下辖7个自然屯。贝江支流六甲河从雨卜苗寨穿流而过。全村95%人口为苗族。苗族人在聚落选址时，常选择易守难攻的深山，他们"聚族而居，自成一体"，寨子不论大小，很少与异族人杂居在一起，一个寨子中几乎都是同姓的宗族人。村寨之中常有溪水从村中流过。雨卜村沿河两岸一排排"半边楼"式民居一字排开，建筑形式相近，色调相同。装饰重点集中在门窗、柱头、屋檐与屋脊处。

雨卜村建筑装饰质朴简单，造型纤细灵巧。中脊多见瓦片拼合钱币形，还常用一种多片花瓣形。为了通风凉快，苗族花窗多采用木棂条进行长短与方向各异的拼搭，拼接成人字形、方形、菱形、亚字形、田字形等。造型多变、明快轻巧的花窗，给人一种舒展、活泼之感。

图4-59　苗族各类几何形花窗

"X"形镂空花窗

圆形镂空花窗

繁星形花窗

铜鼓形花窗

图4-60　雨卜村沿河两岸一排排"半边楼"式民居一字排开，建筑形式相近，色调相同

2.隆林各族自治县张家寨屯

张家寨屯位于隆林各族自治县德峨镇西南部8千米处的田坝村，是一个具有浓郁民族建筑特色的苗族村寨，也是隆林目前苗族建筑工艺保存较好的传统村落。寨子居民主要为偏苗分支，房屋依自然环境条件自由布局，背靠青山石壁，依山而建。

村寨内部分房屋保留着传统"伐木架楹，编竹苫茅"的原始建造工艺。建筑竹材主要源于竹竿，竹竿质地坚韧，富有弹性，纤维性能强，且具有高度的割裂性，顺纹剖开后仍有很好的弯曲性能和抗拉强度。张家寨的竹篾墙根据所处的位置，编制工艺有所不同，墙脚接近地面处使用密度较大、缝隙小的编织方式，这有利于防风及阻挡灰尘的进入；墙面顶部靠近檐下的部分则使用竹席的编织技术，竹篾较宽厚，有利于通风、采光。

张家寨建筑屋顶多为小青瓦，正脊为金钱形装饰。一民宅窗花，由木棂条组合成"十字交叉"形，图案与苗族刺绣纹样有着相似之处。虽无从知晓这些抽象符号背后真正的含义，但从图形上能看到苗族人在自然中，以及在与他人的关系中努力寻找生命更加完美的存在形式。

图4-61 张家寨背靠青山石壁，依山而建，绿树青山，炊烟袅袅，鸡犬相闻，保留着原始山寨古朴之感

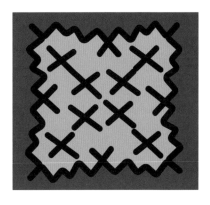

图4-63　一苗族民宅窗花，由木棂条组合成"十字交叉"形，图案与苗族刺绣纹样有着相似之处

图4-62　张家寨内部分房屋保留着传统"伐木架楹，编竹苫茅"的原始建造工艺

第五章

花开亦无言

——广西传统建筑装饰之美

GUI ZHU
FAN HUA

GUANGXI
CHUANTONG JIANZHU
ZHUANGSHI YISHU

花开亦无言

——广西传统建筑装饰之美

广西传统建筑装饰就如山中的花，有的团花簇锦，有的蓓蕾初开，有的色彩斑斓，有的秀丽淡雅。它们在山中静静地开放，又随着时间流逝，无声地被人遗忘。让我们再次唤醒沉睡的记忆，找寻那留存在广西传统建筑装饰中的美。

什么是"美"？有人认为是一种形式上的和谐，有的人认为是带给人愉快的表象，也有人认为就是生活……对美的定义众说纷纭，但美的存在与体现应符合一定的和谐、比例、对称、多样统一等形式法则，同时还要符合人意识中的审美心理与审美感情。

审美意识是"人类特有的一种精神现象，是人类在欣赏美、创造美的活动中所形成的思想、观念。它是客观存在的审美对象在人们头脑中能动的反映。这种能动的反映是在人类长期的审美实践的基础上产生的，是在人的社会化的生理、心理基础上实现的，并且是在一定的哲学、政治、伦理等思想观念的影响下形成的"[1]。

在广西传统建筑中，美从何处寻呢？

> 日照锦城头，朝光散花楼。
>
> 金窗夹绣户，珠箔悬银钩。
>
> 飞梯绿云中，极目散我忧。
>
> ——李白《登锦城散花楼》（节选）

建筑是人身体的安顿之所，建筑上的装饰则是人精神的安顿之地。虽然李白的诗描写的不是广西传统建筑装饰的美，但在他的笔下，可以看到美存于建筑工匠高超的技艺之中，存于自然照应之中，更存于人的心中。

图5-1　每天，石龙镇的居民都会从石龙桥上经过，潜移默化地感受古人所营造的石雕装饰之美

1　李泽厚.美学百科全书〔M〕. 北京：社会科学文献出版社，1990：408.

一、建筑装饰的线条之美

图5-2　西方装饰关注体与面的变化，而中国传统建筑装饰强调对线的运用。玉林兴业县龙潭村建筑上的小狮子，工匠通过精练讲究的线条生动塑造出狮子基本动态表情与装饰。在这种介于抽象与具象之间的表现手法中，线的运用起到了至关重要的作用

对中国人来讲，美的特质就蕴含在每一根线条里。中国线条艺术有着悠久的历史，当先民对大自然有了初步的感知，对美的感受在心中萌芽，出于表达情感、愿望的心态，传达出对美好生活的向往与追求，先民产生了最早的装饰欲望。他们开始从具象的大自然中，提炼线条的抽象之美，用最原始的石器或粗制画笔表达他们的情感。如从新石器时代的岩画艺术以及仰韶文化彩陶艺术上的装饰纹样开始算起，中国线条艺术已有六千多年的历史。

中国人特别重视"线"的表达，这同中国人观察客观世界的方法以及传统审美观念有着密切关系。虽然客观物象的外表并没有线条存在，但人们却智慧地从中提炼、概括出带有主观虚拟性的线条，用来表现物象的结构、形态、质感，通过线条将艺术超越于具体物象之上。对建筑装饰纹样也一样，如果不运用线条就无法表现。

广西传统工匠在制作建筑装饰时，有意无意地向观者呈现出线的节奏、韵律、间隔、疏密、粗细变化，这些全都集中和沉淀在"线"的律动中，使线条具有了丰富的含义和审美意趣。建筑装饰受建筑材质的限制，线条韵味各有不同，石雕装饰线条刚劲有力，木雕装饰线条柔美细腻，壁画装饰线条顿挫转折、变化丰富。

图5-3　钟山燕塘镇玉坡村文武庙上的戏曲人物木雕装饰，工匠利用浅浮雕的方式在平面上营造，同时用优雅的线条勾勒人物的外轮廓以及衣纹，线的因素在这种表现手法的运用上比体积和结构的表达更为直观动人

（一）直线

为了保持建筑的稳定，必须讲求水平与垂直。水平线就是与大地平行的线，因此看上去与大地关系密切，并且显得平静而又稳定。在建筑外观表现上，如果将水平线进行反复多次叠加，形成阶梯状，在视觉上能增加建筑的层次感与稳定感。垂直线与水平线恰好相反，立在大地上与大地成直角，因此具有向上生长的动感和高峻秀丽的特点。建筑中的立柱是垂直线的统帅，柱子越多越高，它的威力也越大。直立大地，直指天空的垂直线在水平线的平衡下，形成动与静的和谐共鸣。

在广西传统建筑细部和装饰纹样等方面，这一原则也同样适用。屋内柱子将屋子顶立起来，向上逐级递减的横向水平梁枋将立柱连接，对立柱强有力的垂直线进行牵制，由梁与柱交替构成的屋架将屋顶的力巧妙地传递到地面，从而形成力与形之美。因此世上一切矩形物体，无论立体还是平面，当水平线与垂直线能以适当的比例组合在一起时，构成的形状一定是悦目的。

介于水平线与垂直线之间，还有一种直线——斜线。与略显平淡、单调的水平线和垂直线构成的图案相比，斜线能表现出更为丰富的趣味性。斜线不仅仅是45°的倾斜，各种倾向角度的斜线还能表现出无限可能的装饰之美。在几何抽象式的装饰图案中，一般多为菱形、四边形、六角形和八角形等，但这些还不

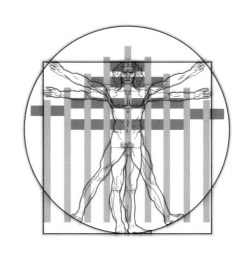

图5-4　广西少数民族地区干栏式建筑多用穿斗式梁架结构，梁与柱交替构成的屋架将屋顶的力巧妙地传递到地面，从而形成力与形之美

足以体现直线不同角度的自由变化性。于是，一种冰裂纹的装饰图案出现了，工匠使用长短不一的直线，通过任意角度的转换拼接成冰裂的纹样效果，从而产生无穷的趣味。

由于广西的传统建筑所在环境、规模和功能各有不同，加之工匠在制作时常凭个人技艺与审美经验进行制作，装饰很难进行比较。在此，选取广西各地窗牖上不同的格子装饰，来探究工匠是如何通过长短不一的直线，按照一定的纵横线比例达到最美装饰效果的。

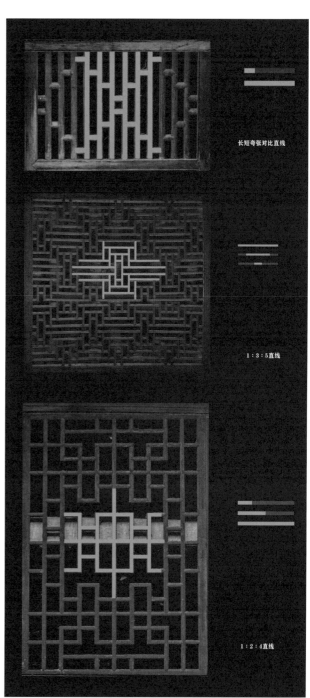

图5-5 看似简单的水平线与垂直线，在一定数理规律下组合成的花窗窗格具有不同的形式美感

图5-6　永福县罗锦镇崇山村由直线角度自由变化而成的冰裂
纹窗

图5-7　兴安县漠川乡水平线、垂直线、斜线综合一体的装饰
花窗格心

（二）曲线

林语堂曾说："天下生物都是曲的……自然界好曲，如烟霞，如云锦，如透墙花枝，如大川回澜。人造物好直，如马路，如洋楼，如火车铁轨，如工厂房屋。中国美术建筑之特点，在懂得仿效自然界的曲，如园林湖石，如通幽曲径，如画檐，如板桥，皆能尽曲折之妙，以近自然为止境。"试着认真观察一下自然界的现象，连绵的群山，是高低起伏的曲线；浩瀚的海洋，是流动的曲线；奔跑的猛兽，是运动的曲线；就连直立的人，身上每一处也无不是由一条条曲线组成的。我们在惊叹大自然鬼斧神工的同时，也是在赞美自然界中那美丽的曲线。

线条"能够唤起人们的判断、欣赏和愉悦之感"。在广西传统建筑装饰里，充满多样性和变化性的曲线往往具有很强的表现力，或婉转流动，或轻巧柔和，给居住者与参观者以美的体验和精神享受。

曲线的意义来自自然界的启示，以线条来表现自然美在创造者内心引起的审美感受。广西传统建筑装饰中的曲线很难说是工匠依据了某些数理有意为之，特别是在一些缠枝、卷草等装饰图案中，更多的可能是创作者凭自由意志随心描绘出来的曲线。这些有意识和无意识创作出来的装饰物象，常常符合科学美学的数理规律。我们在欣赏广西传统建筑装饰时，经常会发现黄金分割的比例存在于许多曲线装饰之中。

古希腊数学家欧几里德在《几何原本》一书中，最早提出了黄金分割。黄金分割用几何学语言来说，就是将一条线分割为不相等的两段，较大部分与整体部分的比值等于较小部分与较大部分的比值，其比值约为0.618。这个比例被公认为是最能引起美感的，因此被称为黄金分割。不可否认广西建筑装饰工匠在漫长的营建过程中积极地发掘生活中美的特征，进而进行审美的归纳，并且在这个审美归纳的过程中总结出曲线和比例间微妙的关系。

图5-8　黄姚古镇宗祠的镬耳式山墙，在蓝天下画出一条美丽
的曲线

图5-9　广西建筑装饰工匠在漫长的营建过
程中积极地发掘生活中美的特征，进而进行
审美的归纳，并且在这个审美归纳的过程中
推理出曲线和比例间微妙的关系

（三）曲直结合

　　线条的美还来自直线和曲线之间合适的平衡与对比。在广西传统建筑装饰图案中，单纯使用直线或曲线构成的并不多，较多的是用直线和曲线混合构成的装饰样式。装饰图案中曲线和直线的结合方式多种多样，常是你中有我、我中有你。在广西广府系建筑屋顶的龙船脊上，中间的直线向两侧延展时渐渐变为曲线，给人一种刚中带柔、柔中有刚的美感。

图5-10　直线的人字山墙给人刚硬与坚固之感，但到两直线相交的位置，锐利的尖角让人生畏。这时工匠加入曲线优美的蝙蝠，不仅取"福到"之意，又高明地与直线形成视觉上的变化与统一

图5-11　在广西广府系建筑屋顶的龙船脊上，中间的直线向两侧延展时渐渐变为曲线，给人一种刚中带柔、柔中有刚的美感。不仅如此，在整体建筑上，房子空间呈横平竖直的方盒子状。到屋顶上，工匠制作成曲线优美的正脊与山墙。直线与曲线的巧妙结合，使建筑在端庄稳定的基础上有了轻巧活跃的感觉

二、建筑装饰的虚实之美

"虚"与"实"是一种哲学观，这种哲学观早在先秦时期即已萌生，直到现在仍然发挥着积极的作用。宗白华在他的《美学散步》一书中写道："以虚带实，以实带虚，虚中有实，实中有虚，虚实结合，是中国美学思想中的一个重要问题。"

广西传统建筑文化深受中国传统哲学观与审美观的影响，"虚"与"实"同样在广西传统建筑的审美心理中占有重要地位。老子在《道德经》第十一章中提道："凿户牖以为室，当其无，有室之用。故有之以为利，无之以为用。"建筑本身就是一个大的"器"，供人居住与使用是实像，装饰中蕴含的生活之道、处世之道、为人之道则是内在审美精神的虚像，包含中国人对宇宙生命本体的哲思。广西传统建筑依靠砖、木、石等天然材料建造而成，本身结构已经完成了房屋为人遮风挡雨与居住会客的功能。但工匠要把整座建筑作为一个统一的形象进行艺术设计。在前立一对石狮看家护院，在屋顶塑鳌鱼防火护宅，在墙面绘制吉祥花鸟，使人如处美丽自然之中，生活充满生机与活力。在这里工匠制作的建筑装饰是"实"的，引发居住者与外来观者的想象是"虚"的。

广西工匠运用在漫长营建实践中所得到的感悟，将虚实相生、虚实互转的关系渗透到建筑装饰的各个要素当中，成为广西传统建筑装饰风采卓然的审美根源之一。

图5-12　建筑本身就是一个大的"器"，供人居住与使用是实像，装饰中蕴含的生活之道、处世之道、为人之道则是内在审美精神的虚像

（一）空间虚实

"象是实，是有；象外是虚，是无。"[1] 广西传统建筑通过对空间的精心设计与组织，形成丰富多样的空间层次与层叠通融的虚实空间。古人常追求隔帘看月、隔水看花的美丽意境，这里的"隔"是阻隔的意思，是对空间进行遮挡和分割，打破开敞的格局。但在传统建筑中，并不是生硬地将空间隔断，通透的隔断反而延伸了空间，赋予景物空灵的美感，在意境上更有利于气息韵脉的循环流动，使空间具有内外交流的渗透性。这种隔而不绝、围中有透、富有变化的虚实空间，是一种对空间的美学分割。

广西传统建筑注重使用隔景与漏景等艺术手法，无论室内还是室外，都常用长窗、屏风、挂落等装饰构件进行遮挡，使空间得以分隔，景物得到遮掩。在这些构件中，普遍使用镂空、透雕的方式进行装饰处理。通过镂空的空间，形成彼此的相互渗透、相互依存，似露似藏、似隔又通的空间关系。

行走在桂北湘赣系传统建筑群落中，几乎每一个天井的四周都会有许多雕刻精美的隔扇门窗，在格心处有许多镂空结构，通过这些镂空结构，可将室外的自然景物引入室内。倘若下雨时，主人坐在屋内，透过疏密有致的花窗格心看向屋外，万条银丝般的雨水从屋檐落下归于天井，景色一片迷蒙，令人目眩神醉。

镂空是一种具有功能性的建筑装饰。镂空艺术通过创造"透空"与"阻隔"的视觉差异，传递出虚与实的空间美学理念。站在富川油沐乡青龙风雨桥头的桥亭上，极目远眺山峦、田野，风景在木棂条组合的分割下形成一种特别的观感，这种空间虚实对比的视觉效果给人带来强烈的审美快感与空间体验。

图5-13　通过雕刻精美的镂空隔扇门窗，屋内屋外彼此融通，人造景观与自然景观形成似露似藏的虚实之境

图5-14　站在富川油沐乡青龙风雨桥头的桥亭上，远处的山峦、田野与室内花窗形成强烈的空间虚实对比

1　徐复观.中国艺术精神［M］.沈阳：春风文艺出版社，1987.

（二）图案虚实

　　广西居民在生活中或多或少会受到传统道家与儒家哲学思想的影响，潜意识中形成"虚实观"的审美精神，这样的精神透过传统建筑装饰中的形式之美而显现出来。从装饰画面处理来看，虚实关系的合理运用能够使装饰的主体更加突出，更具有整体气势。钟山县石龙桥上的石雕装饰作品，其浅浮雕雕刻的瑞兽、人物与未刻画的部分形成强烈的虚实关系，虚则实之，实则虚之，产生强烈的美学效果。

　　表面来看，建筑上的装饰图案由一系列的造型元素构成，但这些一个个的造型仅构成建筑装饰图案中实体的部分，其余空白位置则构成了虚体部分，给人以充足的想象空间。虚实相映的画面构成了广西传统建筑图案的形式之美。

　　以虚带实，以实带虚；虚中有实，实中有虚，虚实结合的辩证关系是中国传统美学的重要原则。基于这种理念，广西传统建筑装饰中所透露出的信息绝不只是表面看到的悦目图案与精美的雕刻工艺，而是整体的艺术表现，体现了中国传统哲学的思想和审美特色。这与西方绘画的美学观不同。西方传统的油画需要将底填满色彩，不留空白。而中国绘画讲求利用虚无和空白构造有无相生的灵动空间，虚实相生，无画处皆成妙境。在元代画家倪瓒的画中，常使用淡逸疏朗的笔墨表现前景的土石层叠，用简洁疏放的寥寥几笔勾勒苍劲古树，江上远岫则以干笔皴擦，在画中留有许多空白，但并不妨碍人们对涓涓细流、山中云雾的想象。

图5-15　在元代画家倪瓒的画中留有许多空白，但并不妨碍人们对涓涓细流、山中云雾的想象

图5-16 钟山县石龙桥上的石雕装饰作品,其浅浮雕雕刻的瑞兽、人物与未刻画的部分形成强烈的虚实关系,韵味无穷

　　桂林全州大西江镇鹿鸣村有一月梁，梁上雕刻传统戏曲
人物。图中一仆人牵马意欲前行，一长髯公与人告别，在他
们左侧有二人相谈甚欢，若有所思。在人物形象以外，该图
留有大面积空白，犹如中国传统戏曲，不用任何布景，只凭
借演员的动作姿势和唱腔，让观众想象人物所处的时间与空
间，这正是"无画处皆成妙境"的虚空之美。

图5-17　桂林全州大西江镇鹿鸣村月梁上传统戏曲人物，不用任何布景，却体现出"无画处皆成妙境"的虚空之美

三、建筑装饰的和谐之美

与讨论思在关系与问题化的西方哲学不同，中国哲学的总体特征和核心理念，是辩证统一的和谐天人观。"和谐"在儒家学说中，多指"天时地利人和"的人与人、人与自然、人与社会之间的和谐发展关系；在道家学说中，多指人与自然规律、宇宙万物共存的和谐关系；佛学则强调人融入自然以求"天人合一"的和谐关系。尽管"和谐"在中国三教中说法略有不同，但和谐的思想作为我国传统理论精髓的核心价值是永恒不变的。

和谐之美是广西传统建筑与装饰所追求的重要美学原则，具有诗意的本真性、审美的直观性、哲理的深远性与生态的持续性。这种"美"将人导向自然生态以及精神文化生态无比丰饶的理想境界，从而帮助受非自然化和精神异化侵害的人们实现双重"补益"和"修复"，是一种最佳意义上的人性复归和人文关怀。[1]

"和谐"这一中国传统文化命脉，孕育了广西传统建筑与装饰表现的思维结构和审美追求，"和"这一观念指导着广西传统建筑的选址、规划，以及装饰在建筑中的表现与布局。传统建筑工匠凭借多年的经验以及各民族、村寨间口口相传的技艺，加之灵活使用和思维拓展，将建筑装饰营造得丰富多彩。这种美学原则充分利用广西传统建筑装饰，物化成一种精神的习惯，孕育出广西各民族传统建筑灿烂之花。

（一）自然和谐

五架三间新草堂，石阶桂柱竹编墙。
南檐纳日冬天暖，北户迎风夏月凉。
洒砌飞泉才有点，拂窗斜竹不成行。
来春更茸东厢屋，纸阁芦帘著孟光。

草堂的落成，让白居易兴奋不已，字里行间洋溢着他的喜爱之情和安适心态。草堂虽小，但简朴而雅致，冬夏皆宜居，美景差可意，白居易的草堂就这样与自然和谐地融为一体。身居永福县罗锦镇崇山村的李熙垣也许有着与白居易一样的心境，自然的美景让他心生醉意，每当兴之所至，他便会泛舟于广西山水间，并将所见美景通过画笔记于纸上。在《大溶江图》中，他描绘了漓江上游大溶江的美景。山岚云色之下，绿树葱茏之间，农屋枕于山前，篱舍傍于水旁，纤细的渔船畅游在自然山水间，自然、建筑与人由此形成一幅和谐美丽的画卷。

1　金学智.中国园林美学［M］.北京：中国建筑工业出版社，2005：176.

图5-18　螃蟹、荷花，寄托着广西居民对"和谐"生活的期盼

图5-19　李熙垣描绘了一幅漓江上游大溶江自然、建筑与人和谐共存的美丽画卷

广西传统建筑与装饰的另一特点是因地取材。这里的先民学会了在传统建筑的建造中遵循自然法则、顺应自然规律、适度开发资源，以达到人与自然的和谐。广西各少数民族兄弟姐妹多将自己的房屋建在山坡中部或山脚靠后之地，将更多的土地归还自然。他们会在村寨中心保留一棵或多棵枝繁叶茂、绿阴如伞的大树，将其奉为一村之"神树"，象征村寨的蓬勃兴盛。村民居所的房前屋后也会遍植各种竹木果树，营造出静谧清幽的环境。就在这葱茏林木的环抱之下，房屋含蓄地隐没在美丽的自然山水间，充满生机与活力。

中国传统观念认为人与建筑也是自然的一部分，是不可分的，人们从自然中索取建筑材料的同时要对自然保有一颗敬畏之心。俗话说"靠山吃山"，在广西的北部、西北部以及东北部地区，森林覆盖率很高，林木资源丰富，人们多选用当地木、竹为材料进行房屋的建造。他们将竹子削成篾，编织成"人"字形竹篾墙，他们将木制窗户、柱头雕刻出美丽的纹样。村民十分珍惜木材，有封山育林的村规，严禁随意砍伐树林。每当村民砍下一棵树做建筑物料时，必须要在原地重新种植一棵树苗，为后人所用。绿树掩映、郁郁葱葱的植被使广西的村落和谐清净而又充满生气，形成了优美的生态环境。

广西的中部、东南部地区，盆地较多，平地面积较广，河流密布，建筑与装饰材料不及山地的木材丰富，人们便因地制宜，采用随处可见的泥土、石料与木料建造房屋，并在这些材料上进行装饰加工。石料制成的柱础、门槛不仅能防止雨水对房屋的侵蚀，也为能工巧匠提供施展装饰技艺的舞台。用泥土烧制出来的瓦片一般用于屋面，不仅可起到隔热遮雨的作用，还有着重要的装饰功能。工匠常利用青瓦优美的弧线拼接钱纹等装饰图案，呈现出质朴的趣味。泥土有着极强的黏合性与塑形性，经过不同泥土的混合，再加入稻草，还能塑造成为建筑上形态各异的浮雕、圆雕、灰塑装饰。

图5-20　工匠小心地利用来自大自然馈赠的建筑木料

图5-21　工匠常利用青瓦优美的弧线拼接钱纹等装饰图案，呈现出质朴的趣味

（二）民族和谐

广西是多民族繁衍生息的家园。在这个大家庭中，各族兄弟姐妹以友善、纯真和崇尚美好的心灵建设着自己的美丽家园，努力把自己的生活幻化为不朽的艺术。

劳动者的艺术与艺术家的艺术创造不同，劳动者没有艺术品的概念，也不是为了纯粹的审美目的，他们的创造基于民族、地域文化、集体意识的根系，从作用于精神与生活的实用原则入手，施展各自的聪慧和才智。没有断裂过的民族的、历史的文化与他们一脉相承，没有清规戒律的本色创造能力又扩展着他们不拘驰骋的天地。[1]

在漫长的历史进程中，广西各族人民交汇、碰撞、冲突、融合，相互依存，共同开发了广西的大好河山，推动了广西社会进步和传统建筑装饰艺术的发展。各民族友好往来、和睦相处所产生的融合是文化自身发展的需要，也是社会发展的需要。在广西许多地方，一个乡、一个村、一个屯居住着几个不同的民族，各民族同饮一江水，共耕一块田，形成了谁也离不开谁的亲密关系。

这种良好的民族关系，为广西传统建筑装饰的营建与发展提供了良好的社会基础。为适应所在地的自然环境，与周边民族和谐共处，同一地域中的不同民族主动改变自身文化中的某些因素，积极与其他民族文化相融，吸收其他民族的优秀文化。各民族工匠在长期的营建实践中不断摸索，将其他民族优秀营造技艺融合到本民族传统建筑营造之中，让民族隔阂渐渐消融，使之既包含有其他民族建筑装饰特点，又不乏本民族的风格，出现"近壮则壮，近汉则汉"等多文化元素融合现象。

文化是民族的主要特征，是民族的血脉和灵魂，是民族发展的动力和源泉。文化融合是广西多元文化交汇碰撞的主流，多元文化的交流与互补是广西传统建筑装饰艺术发展的主要特征。只有建立在民族和谐的基础上，才能在广西这片土地上产生出丰富、悦目的传统建筑装饰。文化只有多元共存、交互融合，才能百花争艳、异彩纷呈，"一花独放不是春，万紫千红春满园"。

1 吕胜中.广西民族风俗艺术［M］.南宁：广西美术出版社，2015：2.

图5-22 广西各民族兄弟姐妹以友善、纯真和崇尚美好的心灵建设着自己的美丽家园

参考文献

专业著作

侯幼彬.中国建筑美学［M］.北京:中国建筑工业出版社,2009.

吴良镛.广义建筑学［M］.北京:清华大学出版社,1989.

吴良镛.建筑文化与地区建筑学［M］.北京:中国建筑工业出版社,1996.

吴良镛.人居环境科学导论［M］.北京:中国建筑工业出版社,2001.

李先逵.中国传统民居与文化——中国民居第五次学术会议论文集（第五辑）［M］.北京:中国建筑工业出版社,1997.

陆元鼎.中国民居建筑［M］.广州:华南理工大学出版社,2003.

楼庆西.中国古代建筑装饰五书［M］.北京:清华大学出版社,2011.

王其钧.中国建筑图解词典［M］.新北:枫书坊文化出版社,2017.

王其钧.中国民间住宅建筑［M］.北京:机械工业出版社,2003.

王其钧.中国建筑装修语言［M］.北京:机械工业出版社,2008.

孙大章.中国古代建筑装饰:雕构绘塑［M］.北京:中国建筑工业出版社,2015.

沈福煦,沈鸿明.中国建筑装饰艺术文化源流［M］.武汉:湖北教育出版社,2002.

黄滢,马勇.天工开悟:中国古建筑装饰 木雕［M］.武汉:华中科技大学出版社,2018.

郝大鹏,刘贺玮,杨逸舟.造屋:图说中国传统村落居民营建［M］.北京:生活·读书·新知三联书店,2019.

刘敦桢.中国古代建筑史［M］.北京:中国建筑工业出版社,2008.

潘谷西.中国建筑史［M］.北京:中国建筑工业出版社,2003.

〔日〕尹东忠太.中国古建筑装饰［M］.北京:中国建筑工业出版社,2006.

〔美〕肯尼思·弗兰姆普敦.建构文化研究［M］.北京:中国建筑工业出版社,2007.

郭华瑜.中国古典建筑形制源流［M］.武汉:湖北教育出版社,2015.

过伟敏.建筑艺术遗产保护与利用［M］.南昌:江西美术出版社,2006.

朱良志.曲院风荷［M］.北京:中华书局,2014.

宗白华.艺境［M］.北京:北京大学出版社,1987.

宗白华.美学散步［M］.上海:上海人民出版社,2015.

杭间.中国工艺美学思想史［M］.太原:北岳文艺出版社,1994.

吴风.艺术符号美学:苏珊·朗格符号美学研究［M］.北京:北京广播学院出版社,2002.

〔英〕欧文·琼斯.装饰的法则［M］.杭州:浙江人民美术出版社,2018.

〔美〕乔治·桑塔耶纳.美感［M］.北京:人民出版社,2013.

阎瑛.传统民居艺术［M］.济南:山东科学技术出版社,2000.

崔华春 . 苏南传统民居建筑装饰研究 [M] . 北京：中国建筑工业出版社，2017.

郑慧铭 . 闽南传统建筑装饰 [M] . 北京：中国建筑工业出版社，2018.

欧志图 . 岭南建筑与民俗 [M] . 天津：百花文艺出版社，2003.

郭晓敏，刘光辉，王河 . 岭南传统建筑技艺 [M] . 北京：中国建筑工业出版社，2018.

雷翔 . 广西民居 [M] . 北京：中国建筑工业出版社，2009.

黄体荣 . 广西历史地理 [M] . 南宁：广西民族出版社，1985.

钟文典 . 广西近代圩镇研究 [M] . 桂林：广西师范大学出版社，1998.

《古镇书》编辑部 . 广西古镇书 [M] . 石家庄：花山文艺出版社，2004.

熊伟 . 广西传统乡土建筑文化研究 [M] . 北京：中国建筑工业出版社，2013.

《广西民族传统建筑实录》编委会 . 广西民族传统建筑实录 [M] . 南宁：广西科学技术出版社，1991.

唐旭，谢迪辉 . 桂林古民居 [M] . 桂林：广西师范大学出版社，2009.

韦伟 . 桂林传统村落勘录 [M] . 北京：中国建筑工业出版社，2018.

莫家仁，陆群和 . 广西少数民族 [M] . 南宁：广西人民出版社，1996.

孙华 . 广西侗族村寨调查简报 [M] . 成都：巴蜀书社，2018.

谢小英主编 . 广西古建筑（上册）[M] . 北京：中国建筑工业出版社，2015.

李长杰 . 桂北民间建筑 [M] . 北京：中国建筑工业出版社，1990.

覃乃昌 . 广西世居民族 [M] . 南宁：广西民族出版社，2004.

中华人民共和国住房和城乡建设部 . 中国传统建筑解析与传承——广西卷 [M] . 北京：中国建筑工业出版社，2017.

覃彩銮 . 广西居住文化 [M] . 南宁：广西人民出版社，1996.

覃彩銮 . 壮族干栏文化 [M] . 南宁：广西民族出版社，1998.

覃彩銮 . 壮侗民族建筑文化 [M] . 南宁：广西民族出版社，2006.

蔡凌 . 侗族聚居区的传统村落与建筑 [M] . 北京：中国建筑工业出版社，2007.

黄恩厚 . 壮侗民族传统建筑研究 [M] . 南宁：广西人民出版社，2008.

张声震 . 壮族通史 [M] . 北京：民族出版社，1997.

张柏如 . 侗族服饰艺术探秘 [M] . 台北：英文汉声出版股份有限公司，1994.

吕胜中 . 五彩衣裳：全 2 册 [M] . 南宁：广西美术出版社，2016.

朱晓明 . 历史环境生机 [M] . 北京：中国建材工业出版社，2002.

刘沛林 . 古村落：和谐的人聚空间 [M] . 上海：上海三联书店，1998.

硕士与博士研究生论文:

麦嘉雯.广府传统建筑装饰纹样研究 [D].华南理工大学, 2020.

汤逸冰.湘南传统民居装饰艺术及其文化研究 [D].武汉理工大学, 2017.

公晓莺.广府地区传统建筑色彩研究 [D].华南理工大学, 2013.

陈丹.广府传统建筑柱础研究 [D].华南理工大学, 2017.

阳慧.广西桂林市全州县传统祠堂檐廊形制研究 [D].广西大学, 2016.

吕文杰.广西西江流域代表性乡土聚落与气候环境因子关系研究 [D].中国建筑设计研究院, 2018.

王平.岭南广府传统大木构架研究 [D].华南理工大学, 2018.

冯颖男.广府地区传统建筑门窗装饰艺术研究 [D].华南理工大学, 2020.

张雅楠.广府地区殿堂建筑木构架研究 [D].华南理工大学, 2016.

冀晶娟.广西传统村落与民居文化地理研究 [D].华南理工大学, 2020.

韦浥春.广西少数民族传统村落公共空间形态研究 [D].华南理工大学, 2016.

杨家强.广西真武阁与大士阁建筑研究 [D].华南理工大学, 2017.

韦玉姣.广西壮族、侗族传统村寨及建筑的演进研究 [D].东南大学, 2019.

何政凯.桂北传统民居建筑装饰元素研究 [D].广州大学, 2019.

何圣伦.苗族审美意识研究 [D].西南大学, 2011.

银晓琼.明清时期壮族地区土司建筑研究 [D].广西大学, 2018.

附录：广西传统村落、古建筑索引

城市	地点	代表性建筑	材料结构	建造年代（变化情况）	文保等级
南宁	兴宁区	南宁古城墙		建于宋，明清沿袭宋城，清末沿江向东西两侧扩展	
	兴宁区解放路 42 号	新会书院	砖木	始建于清乾隆初年，重修于清道光二十三年（1843 年）	自治区级
	江南区江西镇扬美村	魁星阁	砖木	建于清乾隆元年（1736 年）于道光二十年（1840 年）重建	第一批中国传统村落／魁星阁市级
	江南区江西镇同新村木村坡				第二批中国传统村落
	江南区江西镇同江村三江坡				第二批中国传统村落
	江南区江西镇安平村那马坡				第五批中国传统村落
	邕宁区那楼镇那良村那蒙坡				第五批中国传统村落
	邕宁区蒲庙镇北觥村	颜氏古宅	砖木	清代	
	邕宁区蒲庙镇蒲津路 63 号	五圣宫	砖木	始建于清代乾隆八年（1743 年），1794 年、1886 年两次重建，2004 年 11 月整体维修	自治区级
	邕宁区蒲庙镇孟莲村那莲街北端	邕宁那莲戏台	砖木	清乾隆五十八年（1793 年）	市级
	邕宁区新江镇新江社区新江街北端	新江镇皇赐桥	石构	清道光十七年（1837 年）	县级
	西乡塘区石埠街道老口村那告坡				第五批中国传统村落
	西乡塘区中尧南路 88 号	黄家大院	砖木	清康熙十年（1671 年）	市级
	西乡塘区罗文村	韦氏祖屋	砖木	明万历年间	市级
	西乡塘区壮志路 21 号	粤东会馆	砖木	清乾隆元年（1736 年）	市级
	武鸣县城厢镇乡宦村西面	明秀园	砖木	清嘉庆年间	自治区级
	宾阳县古辣镇古辣社区蔡村				第五批中国传统村落
	宾阳县中华镇上施村下施村				第五批中国传统村落
	宾阳县宾州镇南街与三联街交接处	宾州南桥	石构	明洪武六年（1373 年）	自治区级
	宾阳县老职业高中内、后山脚下	思恩府科试院	砖木	清乾隆六年（1741 年）	自治区级

城市	地点	代表性建筑	材料结构	建造年代（变化情况）	文保等级
南宁	上林县巷贤镇长联村古民庄				第五批中国传统村落
横州	镇龙乡下白面	黄氏家祠	砖木	清同治八年	
	马山镇翰桥村	李萼楼庄园	砖木	清道光年间	县级
	峦城镇高村东北面金龟岭上	承露塔	砖构	始建于明万历四十二年（1614年），后毁，于清同治十二年（1873年）冬十一月重建，翌年秋九月落成	县级
	云表镇六河村委龙门塘村郁江乌蛮滩北岸	伏波庙	砖木	始建年代不详，宋庆历年间（1041—1048年）修，以后历代都有修葺	国家级
	平朗乡笔山村				第二批中国传统村落
桂林	秀峰区	王城		建于明洪武五年（1372年），洪武二十六年（1393年）筑城墙，1650年毁于兵火，清顺治十四年（1657年）在靖江王府故址上修建贡院，1921年孙中山准备北伐于王城设立大本营	国家级
	叠彩区木龙洞外的漓江岸边	木龙洞石塔	石构	建于唐代（另一说法为明代）	自治区级
	象山区民主路万寿巷里	万寿寺舍利塔	砖构	建于唐显庆二年（657年），后崩塌，现存为明洪武十八年（1385年）重修	自治区级
	象鼻山顶	普贤塔	砖构	建于明代	自治区级
	七星区穿山社区刘家里村	寿佛塔	砖构	明代	市级
	临桂区四塘镇横山村				第一批中国传统村落
	临桂区会仙镇旧村	临桂旧村清真寺	砖木	建于明代，民国二十年（1931年）左右重修，2004年再次大修，大体保持原状	第二批中国传统村落/清真寺县级
	临桂区两江镇信果村委（木田木）头村				第四批中国传统村落
	临桂区宛田乡宛田村委东宅江村				第四批中国传统村落
	临桂区宛田瑶族乡东江村				第六批中国传统村落
	临桂区茶洞镇茶洞村垠头屯				第五批中国传统村落
	临桂区茶洞镇富合村				第五批中国传统村落
	临桂区茶洞镇花岭村				第六批中国传统村落
	临桂区南边山镇双凤桥村	南边山双凤桥	石构	清咸丰十一年（1861年）	自治区级

城市	地点	代表性建筑	材料结构	建造年代（变化情况）	文保等级
桂林	临桂区南边山镇南边村	南新古民居——宝元大院	砖木	始建于清乾隆年间	
	临桂区六塘镇	清真寺	砖木	始建于清康熙年间	自治区级
	临桂区五通镇人民街	清真寺	砖木	建于清嘉庆年间，1915年修葺，1998年维修	县级
	雁山区大埠乡大埠村委大岗埠村				第四批中国传统村落
	雁山区大埠乡黎家村				第六批中国传统村落
	雁山区柘木镇禄坊村委禄坊村				第四批中国传统村落
	雁山区雁山镇良丰下村十号	雁山园	砖木	建于清同治八年（1869年）	市级
	雁山区草坪回族乡潜经村				第六批中国传统村落
	全州县绍水镇三友村梅塘村	梅溪公祠	砖木	清嘉庆二年（1797年）	第五批中国传统村落/梅溪公祠县级
	全州县绍水镇洛口村张家村				第五批中国传统村落
	全州县大西江镇满稼村鹿鸣村				第五批中国传统村落
	全州县永岁镇湘山村井头村				第五批中国传统村落
	全州县永岁镇慕霞村慕道村				第五批中国传统村落
	全州县石塘镇沛田村	桐荫山庄	砖木	建于1917年，1925年竣工	第五批中国传统村落
	全州县全州镇邓家埠村大庾岭村				第五批中国传统村落
	全州县龙水镇桥渡村石脚村				第五批中国传统村落
	全州县龙水镇全佳村				第六批中国传统村落
	全州县龙水镇龙水村				第六批中国传统村落
	全州县两河镇大田村				第五批中国传统村落
	全州县两河镇鲁水村				第五批中国传统村落
	全州县东山瑶族乡上塘村				第五批中国传统村落
	全州县东山瑶族乡清水村				第五批中国传统村落
	全州县大西江镇锦塘四板桥村	精忠祠、精忠祠戏台	砖木	清同治元年（1862年）	自治区级
	全州县全州镇桂黄路	柴侯祠	砖木	始建年代不详，据传说推测在中晚唐时期，明、清两代都曾修缮	自治区级
	全州县西北湘山脚下	湘山寺妙明塔	砖木	始建于唐咸通二年（861年），唐乾符三年（876年）建成。宋元丰四年（1081年）重建此塔，至元祐七年（1092年）建成7层新塔。后经明清多次修葺	国家级

城市	地点	代表性建筑	材料结构	建造年代（变化情况）	文保等级
桂林	全州县凤凰镇麻市黄龙井村	云公和尚舍利塔	石构	清嘉庆三年	县级
	全州县永岁镇石岗村	燕窝楼	木构	筹建于明弘治八年（1495年），由石冈村蒋氏后裔，工部侍郎蒋淦主持设计与修建，于正德六年（1511年）开始建造，嘉靖七年（1528年）建成	国家级
	全州县枧塘镇塘福村委新白茆坞村东	白茆牌坊	石构	清嘉庆四年（1799年）	自治区级
	全州县庙头镇歌陂村				第六批中国传统村落
	全州县庙头镇李家村				第六批中国传统村落
	灌阳县洞井瑶族乡洞井村				第一批中国传统村落
	灌阳县水车镇官庄村				第一批中国传统村落
	灌阳县水车镇伍家湾村				第二批中国传统村落
	灌阳县水车镇夏云村				第三批中国传统村落
	灌阳县水车镇大营村				第六批中国传统村落
	灌阳县新街镇江口村				第一批中国传统村落
	灌阳县新街镇青箱村				第三批中国传统村落
	灌阳县新街镇飞熊村杉木屯				第五批中国传统村落
	灌阳县新街镇葛洞村大路坡屯				第五批中国传统村落
	灌阳县新街镇龙云村猛山屯				第五批中国传统村落
	灌阳县新街镇石丰村杨家湾屯				第五批中国传统村落
	灌阳县新街镇龙中村富水坪屯				第五批中国传统村落
	灌阳县新街镇坪涧村				第六批中国传统村落
	灌阳县新街镇永富村				第六批中国传统村落
	灌阳县观音阁乡文明村				第六批中国传统村落
	灌阳县灌阳镇孔家村				第三批中国传统村落
	灌阳县灌阳镇仁义村唐家屯				第三批中国传统村落
	灌阳县灌阳镇徐源村				第五批中国传统村落
	灌阳县灌阳镇仁江村				第六批中国传统村落
	灌阳县文市镇月岭村	月岭牌坊	石构	建于清道光十四年至十九年（1834—1839年）	第二批中国传统村落/牌坊自治区级
		多福堂	砖木	清道光年间	自治区级
	灌阳县文市镇达溪村				第三批中国传统村落
	灌阳县文市镇岩口村				第三批中国传统村落
	灌阳县文市镇桂岩村委白竹坪屯				第四批中国传统村落
	灌阳县文市镇王道村				第五批中国传统村落
	灌阳县文市镇会湘村				第五批中国传统村落

城市	地点	代表性建筑	材料结构	建造年代（变化情况）	文保等级
桂林	灌阳县文市镇勒塘村				第五批中国传统村落
	灌阳县黄关镇兴秀村桐子山屯				第五批中国传统村落
	灌阳县新街镇三树村				第六批中国传统村落
	灌阳县洞井瑶族乡太和村田心屯				第五批中国传统村落
	灌阳县洞井瑶族乡桂平岩村				第五批中国传统村落
	灌阳县观音阁乡大井塘村				第五批中国传统村落
	灌阳县水车镇德里村				第五批中国传统村落
	灌阳县解放路	关帝庙	砖木	始建于明万历四十八年（1620年），历经明天启三年（1623年）、清康熙三十五年（1696年），清乾隆、同治、光绪年间及1995年、2002年、2008年多次修缮	自治区级
	兴安县白石乡水源头村	秦家大院茂兴堂	砖木	明末清初	第一批中国传统村落/茂兴堂自治区级
	兴安县漠川乡榜上村				第一批中国传统村落
	兴安县漠川乡钟山坪村				第五批中国传统村落
	兴安县漠川乡长洲村				第六批中国传统村落
	兴安县高尚镇金山村委待漏村	三元塔	石构	清道光五年（1825年）	第四批中国传统村落/石塔县级
	兴安县高尚镇东河村委菜子岩村				第四批中国传统村落
	兴安县高尚镇东河村委山湾村				第四批中国传统村落
	兴安县高尚镇直义村				第六批中国传统村落
	兴安县溶江镇佑安村委青山湾村				第四批中国传统村落
	兴安县兴安镇三桂村东村				第五批中国传统村落
	兴安县兴安镇红卫村				第六批中国传统村落
	兴安县界首古镇	界首镇接龙桥	石构	建于清代中期	中国历史名镇/接龙桥县级
	兴安县界首镇城东村				第六批中国传统村落
	兴安县严关镇灵坛村				第六批中国传统村落
	兴安县严关镇杉树村				第六批中国传统村落
	兴安县严关镇仙桥村				第六批中国传统村落
	资源县两水苗族乡社水村				第五批中国传统村落
	资源县河口瑶族乡葱坪村坪水村				第五批中国传统村落
	资源县中峰镇	锦头古民居	砖木	建于清初至民国年间，其中最早的建于乾隆三十年(1765年)，最晚建于1948年	

城市	地点	代表性建筑	材料结构	建造年代（变化情况）	文保等级
桂林	灵川县青狮潭镇江头村	爱莲家祠	砖木	清光绪八年（1882年）	第一批中国传统村落／爱莲家祠国家级
		按察使府第	砖木	清乾隆年间	国家级
	灵川县青狮潭镇老寨村				第一批中国传统村落
	灵川县青狮潭镇东源村委新寨村				第二批中国传统村落
	灵川县灵田镇长岗岭村	卫守副府	砖木	明清时期	第一批中国传统村落／卫守副府国家级
	灵川县灵田镇迪塘村				第一批中国传统村落
	灵川县灵田镇正义村委宅庆村				第四批中国传统村落
	灵川县灵田镇正义村金盆村				第五批中国传统村落
	灵川县海洋乡大桐木湾村				第二批中国传统村落
	灵川县海洋乡黄土塘村				第五批中国传统村落
	灵川县海洋乡大塘边村				第五批中国传统村落
	灵川县海洋乡小平乐村画眉弄村				第五批中国传统村落
	灵川县大圩镇	古镇	砖木	始建于北宋初年，兴于明清，鼎盛于民国时期	国家级
	灵川县大圩镇熊村				第一批中国传统村落
	灵川县大圩镇上桥村委上桥				第二批中国传统村落
	灵川县大圩镇廖家村委毛村				第二批中国传统村落
	灵川县大圩镇秦岸村大埠村				第五批中国传统村落
	灵川县兰田瑶族乡兰田村西洲壮寨村				第五批中国传统村落
	灵川县潮田乡太平村				第一批中国传统村落
	灵川县定江镇路西村				第一批中国传统村落
	灵川县三街镇溶流上村				第一批中国传统村落
	灵川县三街镇三街村				第六批中国传统村落
	灵川县三街镇千秋村				第六批中国传统村落
	龙胜各族自治县龙脊镇龙脊村	廖仕隆宅	木构	建于清末同治至光绪年间	第一批中国传统村落
	龙胜各族自治县龙脊镇金江村委金竹壮寨				第四批中国传统村落
	龙胜各族自治县龙脊镇马海村委田寨组				第四批中国传统村落
	龙胜各族自治县龙脊镇小寨村委小寨屯				第四批中国传统村落
	龙胜各族自治县龙脊镇江柳村旧屋屯				第五批中国传统村落
	龙胜各族自治县龙脊镇中六村中六屯				第五批中国传统村落

城市	地点	代表性建筑	材料结构	建造年代（变化情况）	文保等级
桂林	龙胜各族自治县龙脊镇岳武村				第六批中国传统村落
	龙胜各族自治县平等镇平等村	鼓楼群	木构	清至民国	第四批中国传统村落／鼓楼群自治区级
	龙胜各族自治县平等镇小江村委田段组				第四批中国传统村落
	龙胜各族自治县平等镇龙坪村委龙坪村				第四批中国传统村落
	龙胜各族自治县平等镇广南村				第五批中国传统村落
	龙胜各族自治县平等镇庖田村甲业屯				第五批中国传统村落
	龙胜各族自治县平等镇蒙洞村回龙江蒙洞河	蒙洞村风雨桥	木构	建于清同治年间，民国十一年重修，毁于1962年的洪水，于1964年重建	县级
	龙胜各族自治县伟江乡潘寨	潘寨风雨桥	木构	清光绪二十一年（1895年）	县级
	龙胜各族自治县泗水乡周家村白面组				第五批中国传统村落
	龙胜各族自治县泗水乡潘内村杨梅屯、浪头屯				第五批中国传统村落
	龙胜各族自治县泗水乡细门村				第六批中国传统村落
	龙胜各族自治县瓢里镇平岭村委上下甘塘屯				第四批中国传统村落
	龙胜各族自治县江底乡城岭村委江口屯				第四批中国传统村落
	龙胜各族自治县江底乡建新村委矮岭红瑶组				第四批中国传统村落
	龙胜各族自治县江底乡建新村委江门口屯				第四批中国传统村落
	龙胜各族自治县江底乡李江村委金竹组				第四批中国传统村落
	龙胜各族自治县江底乡泥塘村半界组				第五批中国传统村落
	龙胜各族自治县马堤乡芙蓉村委芙蓉村				第四批中国传统村落
	龙胜各族自治县马堤乡龙家村委龙家村				第四批中国传统村落
	龙胜各族自治县马堤乡民合村委民合屯				第四批中国传统村落
	龙胜各族自治县马堤乡百湾村				第六批中国传统村落
	龙胜各族自治县马堤乡牛头村				第六批中国传统村落
	龙胜各族自治县伟江乡新寨村委老寨屯				第四批中国传统村落

城市	地点	代表性建筑	材料结构	建造年代（变化情况）	文保等级
桂林	龙胜各族自治县伟江乡洋湾村				第五批中国传统村落
	龙胜各族自治县伟江乡布弄村				第六批中国传统村落
	龙胜各族自治县伟江乡中洞村				第六批中国传统村落
	龙胜各族自治县乐江乡宝赠村委宝赠村				第四批中国传统村落
	龙胜各族自治县乐江乡地灵村委地灵村				第四批中国传统村落
	龙胜各族自治县乐江乡石甲村委泥寨组、岩寨组				第四批中国传统村落
	龙胜各族自治县乐江乡西腰村委西腰大屯				第四批中国传统村落
	龙胜各族自治县三门镇大罗村滩底屯				第五批中国传统村落
	龙胜各族自治县三门镇同列村				第五批中国传统村落
	龙胜各族自治县三门镇大地村				第六批中国传统村落
	永福县罗锦镇崇山村	李吉寿故居	砖木	清同治年间	第二批中国传统村落
	永福县罗锦镇下村樟树头村				第五批中国传统村落
	永福县罗锦镇尚水村尚水老村				第五批中国传统村落
	永福县桃城乡四合村木村屯	莫氏宗祠	砖木	清同治年间	
	永福县三皇镇马安村	三皇进士府	砖木	同治十一年至十二年（1872—1873年）	
	永福县苏桥镇石门村				第六批中国传统村落
	永福县堡里镇拉木村				第六批中国传统村落
	阳朔县白沙镇旧县村	黎氏宗祠、进士第	砖木	清代	第一批中国传统村落
	阳朔县白沙镇遇龙村委遇龙堡村				第四批中国传统村落
	阳朔县白沙镇观桥村委南侧	富里桥	石构	建于明代，民国时期重修	县级
	阳朔县白沙镇旧县村西北部	旧县村仙桂桥	石构	北宋宣和五年（1123年）	自治区级
	阳朔县兴坪镇	古镇	砖木	该地三国吴甘露元年（265年）起即为熙平县治，治所设在今兴坪镇狮子崴村	国家级
	阳朔县兴坪镇渔村				第一批中国传统村落
	阳朔县兴坪镇桥头铺村				第六批中国传统村落
	阳朔县高田镇朗梓村	瑞枝公祠	砖木	清同治年间	第二批中国传统村落

城市	地点	代表性建筑	材料结构	建造年代（变化情况）	文保等级
桂林	阳朔县高田镇龙潭村			建于明万历十年（1582年），村中现存明清时期建筑46座	第二批中国传统村落
	阳朔县普益乡留公村				第二批中国传统村落
	阳朔县福利镇夏村人仔山（又名东南山）村	东山亭	砖木	民国十五年（1926年）	县级
	荔浦市马岭镇永明村	银龙古寨	砖木	现存明清建筑8座	第一批中国传统村落
	荔浦市马岭镇永明村小青山屯	龙氏古宅	砖木	现存明、清建筑约8座	第一批中国传统村落
	荔浦市东南荔浦河西岸	荔浦文塔	砖木	塔址于南宋时曾建魁星楼，后倒塌，清康熙四十八年（1709年）重建，清乾隆四十八年（1783年）改建为塔，清光绪五年（1879年）增建二层	自治区级
	平乐县沙子镇沙子村				第一批中国传统村落
	平乐县大街56号	平乐粤东会馆	砖木	始建于清顺治十四年（1657年），康熙三十六年（1697年）建成，嘉庆十一年（1806年）重修，清咸丰年间毁于兵火，清同治年间复修	
	平乐县张家镇榕津村	平乐榕津粤东会馆	砖木	建于乾隆年间	第二批中国传统村落
	平乐县同安镇屯塘村委屯塘村				第四批中国传统村落
	平乐县张家镇钓鱼村委和村				第四批中国传统村落
	平乐县二塘镇大水村八仙村				第五批中国传统村落
	恭城瑶族自治县莲花镇朗山村朗山屯	朗山村2号宅第	砖木	清晚期	第三批中国传统村落/2号宅第自治区级
	恭城瑶族自治县莲花镇凤岩村凤岩屯				第三批中国传统村落
	恭城瑶族自治县莲花镇门等村高桂屯				第三批中国传统村落
	恭城瑶族自治县莲花镇门等村委矮寨屯				第四批中国传统村落
	恭城瑶族自治县莲花镇竹山村委红岩老村屯				第四批中国传统村落
	恭城瑶族自治县嘉会镇太平村太平屯				第五批中国传统村落
	恭城瑶族自治县莲花镇门等村东寨屯				第五批中国传统村落

城市	地点	代表性建筑	材料结构	建造年代（变化情况）	文保等级
桂林	恭城瑶族自治县观音乡狮塘村委蕉山屯	蕉山神亭	木构	建于清乾隆五十年（1785年），历代均有维修。清光绪八年（1882年）铺设亭内石板，1989年更换部分梁架和瓦面	第三批中国传统村落
		狮塘神亭	狮塘神亭	建于清乾隆五十九年（1794年），清嘉庆二十二年（1817年），在木柱亭旁加修石柱凉亭，形成双亭，1989年，村民捐资对其进行了维修	
	恭城瑶族自治县观音乡水滨村				第三批中国传统村落
	恭城瑶族自治县恭城镇乐湾村乐湾屯				第三批中国传统村落
	恭城瑶族自治县栗木镇常家村常家屯				第三批中国传统村落
	恭城瑶族自治县栗木镇大合村大合屯				第三批中国传统村落
	恭城瑶族自治县栗木镇石头村石头屯				第三批中国传统村落
	恭城瑶族自治县西岭镇费村费村屯				第三批中国传统村落
	恭城瑶族自治县西岭镇杨溪村杨溪屯	石牌坊			第三批中国传统村落
	恭城瑶族自治县龙虎乡龙岭村实乐屯				第三批中国传统村落
	恭城瑶族自治县平安乡巨塘村委巨塘屯				第四批中国传统村落
	恭城瑶族自治县西岭镇西岭村委西岭屯				第四批中国传统村落
	恭城瑶族自治县嘉会镇豸游村	周氏宗祠	砖木	清光绪六年（1880年）	自治区级
	恭城瑶族自治县	武庙/戏台	砖木	始建于明万历三十一年（1603年），清康熙五十九年（1720年）重修，咸丰四年（1854年）毁于兵燹，同治元年（1862年）再度重修	自治区级
	恭城瑶族自治县	文庙	砖木	始建于明永乐八年（1410年），成化十三年（1477年）迁至县西黄牛岗，嘉靖三十九年（1560年）迁至西山南麓，清康熙九年（1670年）、康熙四十年（1701年）曾局部维修，道光二十年（1840年）扩建，二十二年（1842年）形成如今的规模，光绪十四年（1888年）修缮，民国十二年（1923年）大修	国家级

城市	地点	代表性建筑	材料结构	建造年代（变化情况）	文保等级
桂林	恭城瑶族自治县	周渭祠	砖木	建于明成化十四年（1478年），清雍正元年（1724年）重修	国家级
	恭城瑶族自治县太和街	湖南会馆／戏台	砖木	清同治十一年（1872年）	会馆国家级／戏台自治区级
	恭城瑶族自治县架木镇石头村	石头村神亭	木构	建于明万历二年（1574年），清光绪三十一年（1905年）重建	
柳州	柳南区竹鹅村凉水屯	刘氏围屋	夯土、木构	建于1898年	市级
	柳城县古砦仫佬乡	覃村石拱桥	石构	明永乐（1403—1424）年间	自治区级
	柳城县古砦仫佬族乡大户村				第六批中国传统村落
	柳城县古砦仫佬族乡古砦村				第六批中国传统村落
	鹿寨县	中渡古镇	砖木	最初形成于三国吴甘露元年（265年），设置长安县，南北朝时期长安县改名为梁化县，属梁化郡。隋代开皇年间又改名为纯化县。唐、宋隶属洛容县，元在今中渡镇域设置大岑、桐木、银洞三个关隘，并设百夫长。明万历十四年（1586年），设置巡检司于平乐镇，即今中渡古镇	国家级
	融水苗族自治县拱洞乡平卯村				第一批中国传统村落
	融水苗族自治县拱洞乡龙令村				第六批中国传统村落
	融水苗族自治县四荣乡东田村				第一批中国传统村落
	融水苗族自治县四荣乡荣地村				第一批中国传统村落
	融水苗族自治县安太乡寨怀村新寨屯				第四批中国传统村落
	融水苗族自治县良寨乡大里村国里屯				第四批中国传统村落
	融水苗族自治县杆洞乡党鸠村乌英屯				第四批中国传统村落
	融水苗族自治县杆洞乡杆洞村松美屯				第五批中国传统村落
	融水苗族自治县杆洞乡锦洞村				第六批中国传统村落
	融水苗族自治县杆洞乡尧告村				第六批中国传统村落
	融水苗族自治县红水乡良双村				第五批中国传统村落

城市	地点	代表性建筑	材料结构	建造年代（变化情况）	文保等级
柳州	融水苗族自治县四荣乡东田村			清至今	第一批中国传统村落
	融安县大将镇龙妙村龙妙屯				第五批中国传统村落
	三江侗族自治县程阳八寨	程阳永济桥	木构	建于民国元年（1912年），民国十三年（1924年）建成。民国二十五年（1936年），山洪暴发，程阳永济桥南面三个亭子被冲走，三年后开始修复工作，两年后修复完工。1984年，第二次洪水灾害，程阳永济桥被冲垮两个桥墩，永济桥再一次进行大规模修复，修复用了两年时间，现存的程阳永济桥为1985年重修	国家级
	三江侗族自治县林溪镇高友村				第一批中国传统村落
	三江侗族自治县林溪镇平岩村				第二批中国传统村落
	三江侗族自治县林溪镇高秀村				第四批中国传统村落
	三江侗族自治县林溪镇冠洞村				第五批中国传统村落
	三江侗族自治县独峒镇高定寨				第一批中国传统村落
	三江侗族自治县独峒镇林略村				第四批中国传统村落
	三江侗族自治县独峒镇岜团村	岜团桥	木构	清宣统二年（1910年）	第四批中国传统村落/岜团桥国家级
	三江侗族自治县独峒镇座龙村				第四批中国传统村落
	三江侗族自治县独峒镇玉马村				第五批中国传统村落
	三江侗族自治县独峒镇唐朝村				第五批中国传统村落
	三江侗族自治县独峒镇八协村八协屯	八协寨戏台	木构	清末	
	三江侗族自治县梅林乡车寨村				第四批中国传统村落
	三江侗族自治县洋溪乡高露村				第五批中国传统村落
	三江侗族自治县老堡乡老巴村				第五批中国传统村落
	三江侗族自治县老堡乡白文村				第六批中国传统村落
	三江侗族自治县和平乡和平村				第五批中国传统村落

城市	地点	代表性建筑	材料结构	建造年代（变化情况）	文保等级
柳州	三江侗族自治县八江镇马胖村磨寨屯	马胖鼓楼	木构	民国	第五批中国传统村落／马胖鼓楼国家级
	三江侗族自治县八江镇八斗屯				第五批中国传统村落
	三江侗族自治县八江镇归大屯				第五批中国传统村落
	三江侗族自治县八江镇中朝屯				第五批中国传统村落
	三江侗族自治县八江镇归令村				第六批中国传统村落
	三江侗族自治县丹洲镇丹洲村	丹洲古城	城墙砖石结构，建筑砖木结构	原为怀远县城，始建于明朝万历十九年（1591 年），从城故（老堡）迁建于此处直至民国二十一年（1932 年）迁治古宜（现在的三江县城）为止	第一批中国传统村落／自治区级
	三江侗族自治县良口乡和里村	三王宫	砖木	建于明隆庆六年（1572 年），经历清乾隆、道光、同治三次大修，2012 年整体修葺	国家级
		和里三王宫戏台	砖木	建于明隆庆六年（1572 年），经历清乾隆、道光、同治三次大修，2013 年整体修葺	国家级
		人和风雨桥	石木构	清光绪二十四年（1898 年）	
贺州	贺街镇临贺故城	古镇	城墙夯土、砖包土，建筑木构、砖木结构	建于西汉早期，五代时将西、北城墙内缩 90 余米，重新夯筑土城墙 630 米，南宋时包砌青砖，元、明、清沿用宋临贺城。清中叶以后形成河东故城，内有石板街、民居街巷及粤东会馆、文庙、魁星楼、八圣庙、观音楼等	国家级
	平桂区鹅塘镇芦岗村				第一批中国传统村落
	平桂区羊头镇柿木园村				第四批中国传统村落
	平桂区沙田镇龙井村				第五批中国传统村落
	平桂区羊头镇大井村大岩寨				第五批中国传统村落
	八步区莲塘镇仁化村				第二批中国传统村落
	八步区莲塘镇仁冲村	江氏围屋	夯土、砖构	清乾隆末年	国家级
	八步区开山镇开山村上莫寨村				第二批中国传统村落
	八步区开山镇南和村	开宁寺	砖木	明万历年间贺县县令欧阳辉所建	
	八步区信都镇祉洞古寨				第二批中国传统村落
	八步区贺街镇河西村				第五批中国传统村落

城市	地点	代表性建筑	材料结构	建造年代（变化情况）	文保等级
贺州	八步区桂岭镇善华村田尾寨				第五批中国传统村落
	八步区仁义镇保福村象角寨	陶家大院（静安庄）	砖木	清乾隆年间	
	富川瑶族自治县油沐乡福溪村	百柱庙	砖木	明永乐十一年（1413年）立庙祭神，弘治十二年（1499年）立大庙于灵溪河畔，清嘉庆十一年（1806年）重修，同治六年（1867年）扩大庙的规模	第一批中国传统村落／百柱庙国家级
	富川瑶族自治县富阳镇	瑞光塔	砖构	明嘉靖三十年（1551年）	自治区级
	富川瑶族自治县富阳镇城北	关岳庙戏台	砖木	清	
	富川瑶族自治县富阳镇茶家村				第五批中国传统村落
	富川瑶族自治县城北镇凤溪村	七星庙戏台	砖木	清	第四批中国传统村落
	富川瑶族自治县朝东镇东水村	东水村戏台	砖木	清	第五批中国传统村落
	富川瑶族自治县朝东镇秀水村	仙娘庙戏台	砖木	清	第一批中国传统村落
	富川瑶族自治县朝东镇岔山村				第五批中国传统村落
	富川瑶族自治县朝东镇油沐大村				第五批中国传统村落
	富川瑶族自治县朝东镇朝东村				第六批中国传统村落
	富川瑶族自治县油沐乡中岗村与油草村之间	油沐乡回澜风雨桥	桥墩石构，桥体木构	建于明万历年间，明崇祯十四年（1641年）重修，清嘉庆、道光、光绪年间都曾修葺，中华人民共和国成立后，多次拨款维修保养	国家级
	富川瑶族自治县油沐乡中岗村与油草村之间	油沐乡青龙桥	桥墩石构，桥体木构	建于明代，清道光年间大修，后多次修葺	国家级
	富川瑶族自治县新华乡虎马岭村				第一批中国传统村落
	富川瑶族自治县莲山镇大莲塘村				第二批中国传统村落
	富川瑶族自治县莲山镇下坝山村				第六批中国传统村落
	富川瑶族自治县葛坡镇深坡村				第二批中国传统村落
	富川瑶族自治县葛坡镇义竹村				第四批中国传统村落
	富川瑶族自治县葛坡镇谷母井村				第四批中国传统村落

城市	地点	代表性建筑	材料结构	建造年代（变化情况）	文保等级
贺州	富川瑶族自治县福利镇毛家村				第四批中国传统村落
	富川瑶族自治县福利镇留家湾村				第四批中国传统村落
	富川瑶族自治县福利镇红岩村				第四批中国传统村落
	富川瑶族自治县麦岭镇村头岗村				第四批中国传统村落
	富川瑶族自治县麦岭镇高桥村				第六批中国传统村落
	富川瑶族自治县麦岭镇和睦村				第六批中国传统村落
	富川瑶族自治县麦岭镇小田村				第六批中国传统村落
	富川瑶族自治县石家乡龙湾村				第四批中国传统村落
	富川瑶族自治县石家乡城上村				第四批中国传统村落
	富川瑶族自治县石家乡石枧村				第四批中国传统村落
	富川瑶族自治县柳家乡茅樟村				第四批中国传统村落
	富川瑶族自治县古城镇丁山村				第五批中国传统村落
	富川瑶族自治县古城镇秀山村				第五批中国传统村落
	钟山县回龙镇龙道村				第一批中国传统村落
	钟山县燕塘镇玉坡村	钟山恩荣牌坊	石构	清乾隆十七年（1752年）	第一批中国传统村落/牌坊自治区级
		玉坡大庙"协天宫"	砖木	清道光年间	
	钟山县清塘镇英家村英家街	粤东会馆	砖木	清乾隆四十二年（1777年）	第二批中国传统村落/粤东会馆自治区级
	钟山县石龙镇松桂村				第二批中国传统村落
	钟山县公安镇荷塘村				第四批中国传统村落
	钟山县公安镇大田村	大田古戏台	砖木	明宣德五年（1430年）建，清光绪四年（1878年）重建	第五批中国传统村落/古戏台自治区级
	钟山县石龙镇石龙街	石龙桥	石构	清乾隆十一年（1746年），清光绪四年（1878年）重建	自治区级
		石龙戏台	砖木	清	自治区级
	钟山县石龙镇源头村				第四批中国传统村落
	钟山县珊瑚镇同乐村				第四批中国传统村落
	钟山县清塘镇白竹新寨				第四批中国传统村落
	钟山县两安乡星寨村				第四批中国传统村落
	钟山县两安乡莲花村	龙归庵戏台	砖木	清	自治区级
	昭平县黄姚镇	古镇/宝珠观戏台	砖木	始建于宋代，兴建于明万历年间，鼎盛于清乾隆年间	古镇国家级/戏台自治区级

城市	地点	代表性建筑	材料结构	建造年代（变化情况）	文保等级
贺州	昭平县樟木林镇新华村				第三批中国传统村落
	昭平县走马镇黄胆村罗旭屯				第四批中国传统村落
玉林	兴业县葵阳镇葵联村榜山村				第四批中国传统村落
	兴业县城隍镇大西村				第四批中国传统村落
	兴业县城隍镇龙潭村				第六批中国传统村落
	兴业县龙安镇龙安村				第五批中国传统村落
	兴业县蒲塘镇石山村石山坡				第五批中国传统村落
	兴业县龙安镇龙安村				第五批中国传统村落
	兴业县石南镇潭良村				第五批中国传统村落
	兴业县石南镇东山村				第五批中国传统村落
	兴业县石南镇庞村	梁氏宗祠	砖木	始建于清乾隆四十一年，嘉庆年间大规模扩建，至晚清基本定型	第五批中国传统村落／梁氏宗祠自治区级
	兴业县石南镇环江村				第六批中国传统村落
	兴业县城西的石嶷山上	石嶷塔	砖构	始建于宋，明成化十八年（1482年）重修，清顺治十七年（1660年）被毁，清乾隆十二年（1747年）重建	市级
	博白县松旺镇松茂村				第三批中国传统村落
	博白县新田镇亭子村老屋屯				第五批中国传统村落
	博白县那林镇那林村	蔡氏宗祠	砖木	清晚期	
	陆川县平乐镇长旺村				第五批中国传统村落
	陆川县乌石镇谢鲁村	谢鲁山庄		始建于1920年1月，历时10年建成	国家级
	容县杨村镇东华村				第五批中国传统村落
	容县罗江镇顶良村				第五批中国传统村落
	容县城东人民公园内	真武阁	木构	明万历元年（1573年）	国家级
	福绵区福绵镇福西村				第五批中国传统村落
	福绵区福绵镇三龙村				第六批中国传统村落
	福绵区福绵镇十丈村				第六批中国传统村落
	福绵区新桥镇大楼村				第五批中国传统村落
	福绵区沙田镇沙田村				第六批中国传统村落
	玉州区高山村	牟思成祠、牟绍德祠、牟著存祠、牟惇叙祠、李垂宪祠、李拔谋故居	砖木	清雍正至乾隆年间	第一批中国传统村落／牟绍德祠自治区级
	玉州区南江街道岭塘村硃砂垌村	硃砂垌围垅屋	夯土、砖木	清乾隆年间	第五批中国传统村落／围垅屋市级
	玉州区南江街道广恩村				第六批中国传统村落
	玉州区仁东镇鹏垌村				第五批中国传统村落
	玉州区仁厚镇茂岑村				第五批中国传统村落

城市	地点	代表性建筑	材料结构	建造年代（变化情况）	文保等级
玉林	玉州区仁厚镇荔枝村				第六批中国传统村落
	玉州区大北路	玉林粤东会馆	砖木	始建于清初，清乾隆五十九年（1794年）迁建今地，清光绪五年（1879年）扩建	市级
	玉州区城北街道寒山村				第六批中国传统村落
北流	民乐镇萝村				第一批中国传统村落
	新圩镇新圩村第五组				第二批中国传统村落
	新圩镇白鸠江村河城组				第五批中国传统村落
	塘岸镇塘肚村十一组				第五批中国传统村落
贵港	港南区木格镇云垌村	黎氏祠堂	土砖木	清咸丰年间	第五批中国传统村落／黎氏祠堂市级
		君子垌围屋群	砖木	始建于乾隆末年，大部分为清咸丰年间建成	市级
	港南区江南街道办罗泊湾村	漪澜塔	砖构	建于清嘉庆二十三年（1818年）	市级
	平南县镇隆镇富藏村中团屯				第五批中国传统村落
	平南县思旺镇双上村上宋屯				第五批中国传统村落
	平南县大鹏镇大鹏村石门屯				第五批中国传统村落
	平南县大安镇	大安大王庙	砖木	始建于清康熙元年（1662年），康熙五十九年（1720年）、乾隆十五年（1750年）扩建，乾隆四十八年（1783年）、嘉庆十年（1805年）重修	自治区级
	平南县大安镇东南25千米的西江南岸	平南粤东会馆	砖木	清乾隆五十八年（1793年）	自治区级
	平南县大王庙之右	大安镇大安桥	石构	清道光六年（1826年）	自治区级
	桂平市罗秀镇植棠村				第六批中国传统村落
桂平	中沙镇南乡村				第五批中国传统村落
	金田镇新圩镇	三界庙	砖木	建于清乾隆五年（1740年），历代均有小修或重修	国家级
	寻旺乡	东塔	砖木	明朝万历年间（1573—1620年）	自治区级
	麻垌镇洞天村	寿圣寺	砖木	宋嘉祐三年（1058年）兴建，明正德年间重新扩建，后历代均有重修	自治区级
来宾	武宣县东乡镇金岗村永安村				第五批中国传统村落
	武宣县东乡镇莲塘村	武魁堂	砖木	始建于清嘉庆六年（1801年），落成于道光八年（1828年）	
	武宣县东乡镇	刁经明祠堂	砖木	清咸丰年间	
	武宣县三里镇	李家大宅	砖木	清道光年间	

城市	地点	代表性建筑	材料结构	建造年代（变化情况）	文保等级
来宾	武宣县三里镇三里街老墟	老墟戏台	砖木	民国	
	武宣县东街附近	文庙	砖木	始建于明宣德六年（1431年），崇祯年间（1628—1644年）建尊经阁，清康熙十一年（1672年）修大成殿、启圣祠，康熙五十八年（1719年）修明伦堂，嘉庆五年（1800年）重修崇圣祠、东西庑等；道光十五年至十七年（1835—1837年）重修礼门、义路；清同治七年（1868年）修围墙照壁，民国元年（1912年）终形成今日规模	自治区级
	忻城县城关镇西宁街翠屏山北麓	莫土司衙署	砖木	始建于明万历十年（1582年），土司祠堂建于清乾隆十八年（1753年），道光十年（1830年）大修	国家级
	忻城县古蓬镇内联村	忻城石板平桥	石构	始建于清末，1931年重修	
	忻城县古蓬镇旧镇屯	永吉石拱桥	石构	清光绪十九年（1893年）	县级
	金秀县六巷乡六巷村下古陈屯				第二批中国传统村落
	金秀县六巷乡六巷村六巷屯、朗冲屯、上古陈屯				第五批中国传统村落
	金秀县金秀镇共和村古卜屯				第五批中国传统村落
	金秀县桐木镇那安村龙腾屯	春台梁公祠	砖木	1792—1804年	第五批中国传统村落
	金秀县忠良乡三合村岭祖屯				第五批中国传统村落
	金秀县罗香乡平竹村平林屯				第五批中国传统村落
	象州县罗秀镇纳禄村				第一批中国传统村落
	象州县罗秀镇军田村				第五批中国传统村落
	象州县运江镇新运村新运街				第五批中国传统村落
	象州县运江镇运江社区红星街、红光街				第五批中国传统村落
	兴宾区迁江镇扶济村	文辉塔	砖构	明万历年间（1573—1620年）	自治区级
梧州	蒙山县长坪瑶族乡六坪村				第四批中国传统村落
	藤县濛江镇双底村	朱氏宗祠	砖木	清中期	
	苍梧县龙圩镇下㲡铁顶角山巅	炳蔚塔	砖构	清道光四年（1824年）	县级

城市	地点	代表性建筑	材料结构	建造年代（变化情况）	文保等级
梧州	苍梧县龙湖镇	允升塔	砖构	清道光三年（1823年）	市级
	苍梧县龙圩镇忠义街	苍梧粤东会馆	砖木	始建于康熙五十三年（1714年），清乾隆五十三年（1785年）重修	自治区级
	城西鸳鸯江畔白鹤岗	白鹤观	砖木	始建于唐代开元年间，清康熙年间重修，清光绪九年（1883年）重修，2001年再重修	自治区级
岑溪	筋竹镇云龙村				第五批中国传统村落
	水汶镇莲塘村	五世衍祥牌坊	砖构	清同治七年（1868年）兴工建牌坊，同治十年（1871年）建成	自治区级
	南渡镇	邓公庙	砖木	始建于明朝，清雍正十二年（1734年）重修	自治区级
崇左	龙州县上金乡卷逢村白雪屯				第四批中国传统村落
	龙州县上金乡中山村				第四批中国传统村落
	龙州县南门街	陈嘉（勇烈）祠	砖木	清光绪二十三年（1897年）	自治区级
	江州区驮卢镇连塘村花梨屯				第五批中国传统村落
	天等县向都镇北郊1千米	万福寺	木构	清康熙十一年（1672年）	自治区级
	市东北5.2千米的左江江心鳌头	左江斜塔	砖构	明天启元年（1621年）	自治区级
	江洲镇板麦村	板麦石塔	石构	明万历四十年（1612年）	自治区级
	大新县桃城镇伦理路利江上	桃城镇鸳鸯桥	石构	清乾隆元年（1736年）	县级
	宁明县那堪镇迁隆村	迁善书院（那堪书院）	砖木	清光绪二十年（1894年）。清宣统三年（1911年）秋扩充	
百色	右江区解放街	粤东会馆	砖木	建于清康熙五十九年（1720年）。现存会馆建筑为清道光二十年（1840年）重建以后的构架	国家级
		灵洲会馆	砖木	始建于清乾隆五十六年（1791年），清光绪二年（1876年）重修	市级
	田东县平马镇南华街91号	正经书院	砖木	建于清光绪二年（1876年），1963年国家曾拨专款进行修缮	国家级
	田阳县田州镇隆平村	粤东会馆	砖木	清代同治年间	自治区级
	德保县足荣镇那雷屯	赵恒钟宅	木构	清代	
	德保县足荣镇那雷屯	梁进文宅	木构	民国	
	靖西县城旧州街东面	文昌塔	砖木	清嘉庆年间	县级
	那坡县城厢镇达腊屯				第一批中国传统村落
	那坡县城厢镇	城厢镇丹桂塔	砖木	清光绪二十二年（1896年）	自治区级

城市	地点	代表性建筑	材料结构	建造年代（变化情况）	文保等级
百色	西林县那劳镇	岑氏家族建筑群	砖木	建于清光绪二年（1876年），落成于光绪五年（1877年）	国家级
	隆林县德峨镇张家寨	张宅	木构	20世纪50年代，按传统工艺设计施工	
河池	大化瑶族自治县板升乡弄立村二队				第二批中国传统村落
	大化瑶族自治县贡川乡清波村	清波村石拱桥	石构	明正统十一年（1446年）	县级
	罗城仫佬族自治县东门镇平洛村	平洛乐登桥	石构	明洪武十八年（1385年）	自治区级
	罗城仫佬族自治县东门镇石围屯	石围屯银宅	砖木	清代	
	环江毛南族自治县下南乡南昌屯	南昌屯谭宅	砖木	清后期	
	环江毛南族自治县川山镇都川村	葫芦塔	石构	清雍正三年（1725年）	县级
	环江毛南族自治县明伦镇北宋村	北宋牌坊	石构	光绪二十年（1894年）	
	南丹县里湖瑶族乡怀里村蛮降屯				第四批中国传统村落
	南丹县里湖瑶族乡八雅村巴哈屯				第四批中国传统村落
	天峨县三堡乡三堡村堡上屯				第四批中国传统村落
	宜州区三岔镇合林村				第六批中国传统村落
	宜州区屏南乡板纳村				第六批中国传统村落
北海	铁山港区营盘镇白龙社区白龙村				第四批中国传统村落
	海城区涠洲镇盛塘村				第五批中国传统村落
	合浦县曲樟乡璋嘉村	陈氏宗祠	砖木	清嘉庆十九年（1814年）	第四批中国传统村落
	合浦县山口镇永安村	大士阁	木构	明成化五年（1469年）	第六批中国传统村落/大士阁国家级
	合浦县廉州镇南郊四方岭	文昌塔	砖构	建于明万历四十一年（1613年），1981年重修	自治区级
	合浦县石康镇大湾村委罗屋村	石康塔	砖构	明天启五年（1625年）	县级
	合浦县廉州镇	海角亭	砖木	建于北宋景德年间（1004—1007年），经明代成化、嘉靖多次迁建，至隆庆年间迁定于今址	自治区级
	合浦师范学校内	东坡亭	砖木	建于清乾隆四十一年（1776年），现亭为1944年重修	自治区级
钦州	灵山县佛子镇大芦村	劳氏祖屋	砖木	明嘉靖二十五年（1546年）至清道光六年（1826年）	第一批中国传统村落/劳氏祖屋国家级
	灵山县石塘镇苏村	荫社堂	砖木	清乾隆八年（1743年）	第二批中国传统村落
	灵山县石塘镇平历村				第六批中国传统村落

城市	地点	代表性建筑	材料结构	建造年代（变化情况）	文保等级
钦州	灵山县新圩镇萍塘村				第二批中国传统村落
	灵山县新圩镇漂塘村				第五批中国传统村落
	灵山县佛子镇佛子村马肚塘村				第五批中国传统村落
	灵山县太平镇那马村华屏岭村				第五批中国传统村落
	灵山县灵城镇镇北街东侧	接龙桥	石构	始建于清康熙三十一年（1692年），乾隆二十七年（1762年）重建	县级
	灵山县烟墩镇六加村				第六批中国传统村落
	灵山县檀圩镇东岸村				第六批中国传统村落
	灵山县平山镇同古村				第六批中国传统村落
	浦北县小江镇平马村				第二批中国传统村落
	浦北县小江镇平马小学旁	浦北大朗书院	砖木	清光绪二十五年（1899年）	自治区级
	浦北县小江镇	伯玉公祠	砖木	清光绪二十二年（1896年）	自治区级
	那蒙镇竹山村			清乾隆二十四年（1759年）至光绪二十一年（1895年）	
	钦南区中山路29号	钦州广州会馆	砖木	始建于清乾隆四十八年（1783年），道光十四年（1834年）、光绪十六年（1890年）两次重修	自治区级
	钦南区板桂街10号	刘永福故居	砖木	清光绪十七年（1891年）	自治区级
	钦南区宫保街	冯子材故居	砖木	清光绪元年（1875年）	自治区级
	钦北区长滩镇屯巷村				第六批中国传统村落
防城港	防城区大菉镇那厚村				第二批中国传统村落

线稿制图

唐维璐　吴兴南　王铄宁

余欣芯　熊伟玮　李玉盈

曾　奕　黄诗羽　韦东林

雨珠　白秀娟　庄一峰

慧　杨雨欣　杨熠昕

东玉　邱娅茹

后记

当关上 Word 文档，把文件打包通过电子邮箱发给编辑的那一刻，心情没有一丝的轻松，反之有些不安与惶恐。本只想迅速完成自己的一个课题项目，但最终因不断调整书稿而逐渐慢了下来，转眼又是两年过去了。在此，我要感谢所有帮助过我的老师、家人、同事、学生和朋友，没有他们的支持，我是万万不能完成此书的。

我深知自己是个艺术工作者，并非建筑专业科班出身，不知此书的文字表述是否专业、清晰。同时，广西传统建筑装饰形式与内涵千变万化，每个装饰案例背后都有着自然环境、民俗民风、宗教信仰、历史文化等因素的相互作用。在调研中，我有着以下两个原则：1. 以传统建筑上现存的装饰物为研究对象。博物馆中的装饰物因缺少建筑的主体，尽量不使用，还有众多藏在私人博物馆中的装饰物因缺乏史料依据或受藏家个人偏好影响过大也不使用。2. 尽量不人为移动建筑装饰物现处位置，哪怕其所处环境已变成了猪圈。由于我的原因使装饰物离开建筑主体，何尝不是另一种伤害？

现存的广西传统建筑及其装饰还能保存长久吗？我每每在结束一段调研后问自己。从 2012 年广西开始申报"第一批中国传统古村落名录"开始，已过了整整十年。这期间，广西各地许多村子都积极申报国家级或区级的传统古村落，如果申报成功会有相应的保护资金发放到村里，村民可以用此资金进行房屋修缮或是以此名义进行宣传。如果将古村落作为旅游资源开发，首先应该把它们当作文化资源认真对待，这会牵涉很多很复杂的问题，如长远的整体规划、配套制度的完善、村民生活品质的提升、专项经费的支持等。

如何科学地保护这些传统建筑上精美的装饰，让现代人还能感知古人的智慧和审美，我几乎无解，也提不出太可行的建议，唯有靠一己之力将其默默通过文字与图像记录下来。我也不确定有什么作用，只能把其交给时间……

黄荣川

2022 年 12 月 8 日于广西民族大学

出版统筹：冯　波
项目统筹：廖佳平
责任编辑：张维维　王增元
营销编辑：李迪斐　陈　芳
书籍设计：陈　凌
责任技编：王增元

图书在版编目（CIP）数据

桂筑繁花 ：广西传统建筑装饰艺术 ／ 黄荣川著. ––
桂林 ：广西师范大学出版社，2023.8（2023.8 重印）
　ISBN 978-7-5598-5984-6

　Ⅰ．①桂… Ⅱ．①黄… Ⅲ．①古建筑－建筑装饰－建
筑艺术－研究－广西 Ⅳ．①TU-092.2

　中国国家版本馆 CIP 数据核字（2023）第 062265 号

广西师范大学出版社出版发行

（广西桂林市五里店路 9 号　邮政编码：541004）
网址：http://www.bbtpress.com
出版人：黄轩庄
全国新华书店经销
广西广大印务有限责任公司印刷
（桂林市临桂区秧塘工业园西城大道北侧广西师范大学出版社
集团有限公司创意产业园内　邮政编码：541199）
开本：889 mm × 1 194 mm　1/16
印张：28.5　　字数：623 千
2023 年 8 月第 1 版　　2023 年 8 月第 2 次印刷
定价：138.00 元